O USO RACIONAL DA ENERGIA

CB044049

RUBENS ALVES DIAS
CRISTIANO RODRIGUES DE MATTOS
JOSÉ ANTÔNIO PERRELLA BALESTIERI

O USO RACIONAL DA ENERGIA

ENSINO E CIDADANIA

Editora
UNESP

© 2006 Editora UNESP

Direitos de publicação reservados à:
Fundação Editora da UNESP (FEU)

Praça da Sé, 108
01001-900 – São Paulo – SP
Tel.: (0xx11) 3242-7171
Fax: (0xx11) 3242-7172
www.editoraunesp.com.br
feu@editora.unesp.br

CIP – Brasil. Catalogação na fonte
Sindicato Nacional dos Editores de Livros, RJ

D534u

Dias, Rubens Alves
    O uso racional da energia: ensino e cidadania/Rubens Alves Dias, Cristiano Rodrigo de Mattos, José Antonio P. Balestieri. -- São Paulo: Editora UNESP, 2006.

    Inclui bibliografia
    ISBN 85-7139-681-7

    1. Recursos energéticos - Conservação. 2. Desenvolvimento sustentável. 3. Cidadania. I. Mattos, Cristiano Rodrigo de. II. Balestieri, José Antonio Perrella., 1963-. III. Título.

06-4227.   CDD 333.793213
                                        CDU 620.92

Este livro é publicado pelo projeto *Edição de Textos de Docentes e Pós-Graduados da UNESP* – Pró-Reitoria de Pós-Graduação da UNESP (PROPG) / Fundação Editora da UNESP (FEU)

Editora afiliada:

Asociación de Editoriales Universitarias
de América Latina y el Caribe

Associação Brasileira de
Editoras Universitárias

*Os autores agradecem ao apoio
da Fundação de Amparo à Pesquisa
do Estado de São Paulo*

Sumário

AO PROFESSOR

Caro professor,

O mundo tem sofrido muitas modificações ao longo dos anos, principalmente em virtude do presença do homem. A partir da metade do século XIX e durante todo o XX, o ritmo de desenvolvimento das sociedades, na Europa e principalmente nos Estados Unidos, promoveu uma série de padrões de consumo que não estabeleciam de forma clara uma conexão com a disponibilidade dos recursos energéticos e os impactos ambientais.

Na ocasião das duas crises do petróleo da década de 1970, o mundo foi obrigado a conviver com restrições energéticas e suas conseqüências. Foi nessa época que a preocupação com a finitude das fontes energéticas não-renováveis ganhou destaque, juntamente com as primeiras ações voltadas ao uso racional da energia que, num primeiro estágio, estavam focalizadas apenas na eliminação de desperdícios. Na mesma década, com o aperfeiçoamento dos instrumentos de medida, das técnicas de avaliação e do desenvolvimento aeroespacial, principalmente pela aquisição de imagens por satélites, começava-se a ter uma tímida noção das alterações ambientais decorrentes das atividades humanas.

Nas últimas três décadas do século XX e no início do XXI, o uso racional da energia se tornou tema recorrente por causa das variações no preço do barril de petróleo e das constantes necessidades de investimento no setor elétrico e, de forma mais presente, pelos impactos que o uso e a geração de energia causam ao meio ambiente. Observam-se diversas iniciativas voltadas à difusão de conhecimentos nesse campo do saber, porém muitas delas – e especialmente as brasileiras – ainda necessitam de uma abordagem didático-pedagógica coerente com o público a que se destina, respeitando-se as dificuldades da construção do conhecimento e das novas atitudes que se desejam alcançar.

À medida que os procedimentos voltados à eficiência energética se aprofundam nos níveis de intervenção,[1] deparam com uma série de barreiras que, por sua vez, estão relacionadas com os aspectos éticos, estéticos e comportamentais da sociedade. As ciências da educação aplicadas nos processos de ensino-aprendizagem do conceito de energia e do seu uso eficiente tornam-se uma ferramenta de considerável potencial de abrangência, dado o potencial

---

1 De acordo com La Rovere (1985), ao se preservar o conforto, a qualidade de vida e as necessidades dos meios de produção, pode-se compreender a conservação de energia por meio de seis níveis de intervenção:
   • a eliminação pura e simples de desperdícios;
   • aumento da eficiência das unidades consumidoras;
   • aumento da eficiência das unidades geradoras;
   • reaproveitamento dos recursos naturais, pela reciclagem e redução do conteúdo energético dos produtos e serviços;
   • rediscussão das relações centro/periferia, no que tange ao transporte e à localização de empresas produtoras e comerciais;
   • mudança dos padrões éticos e estéticos, a partir dos quais a sociedade poderia penalizar os produtos e serviços mais energointensivos em favor de sua cidadania.

multiplicador que representam professores e estudantes. Assim, os processos educacionais devem ser avaliados permanentemente, tanto no seu conteúdo quanto na sua capacidade de sensibilizar os indivíduos.

Convém ainda considerar os atuais conceitos de crescimento econômico e a necessidade de que se criem novos conceitos de riqueza e prosperidade, capazes de permitir melhoria nos níveis de vida por meio de modificações nos estilos de vida que sejam menos dependentes dos recursos finitos da Terra e mais harmônicos com sua capacidade produtiva (Secretaria de Estado do Meio Ambiente, 2001).

A aprendizagem sociocultural no contexto do uso da energia

Ao longo do processo da evolução humana, o conhecimento construído possui um caráter dinâmico, formado por teses e antíteses, acertos e erros, num grande somatório dos esforços individuais no decorrer da própria história. Com base em teorias e experiências oriundas do trabalho humano, formam-se, com suas qualidades e limitações, "patamares do conhecimento", constituídos por informações que fornecem condições para a aplicação, contestação e criação de novas idéias. Por sua vez, o processo de aquisição do saber pelo indivíduo é caracterizado pela heterogeneidade, pois depende de vários fatores, como as diferenças sociais, culturais e econômicas. A região intermediária entre esses "patamares do conhecimento" e o nível de experiência de cada indivíduo pode ser conceituada, numa perspectiva sociointeracionista, como de zona de desenvolvimento proximal.

O conceito de *zona de desenvolvimento proximal* pertence ao modelo de cognição de Vygotsky. Tal conceito é conseqüência do postulado de que o processo cognitivo é contínuo e dependente da história da sua construção. Isso significa que o percurso do desenvolvimento individual se deve aos processos cognitivos, que já estão embrionariamente presentes no indivíduo e que só se consolidarão à medida que ele interage com o mundo. A zona de desenvolvimento proximal caracteriza-se como um domínio psicológico em constante transformação. É o espaço em que surgem as tensões entre o domínio cognitivo do indivíduo e as interferências do mundo exterior a ele. Do ponto de vista da escolha de uma ação pedagógica concreta, esse postulado traz consigo a idéia de que o papel do professor é de provocar mudanças cognitivas nos alunos, que não ocorreriam espontaneamente. Assim, toda ação pedagógica que segue aquele pressuposto consiste em interferir na zona de desenvolvimento proximal de cada aluno (Castorina et al., 1996).

Vygotsky ainda postula que os processos de aprendizado movimentam os processos de desenvolvimento, o que, em termos de ensino, implica a participação da escola na formação do indivíduo, e destaca a importância da presença de outras pessoas no desenvolvimento individual, em razão da capacidade de internalização de idéias e conceitos quando a informação possui um caráter interpessoal inserida na realidade social.

A partir desse referencial teórico, podem ser estabelecidas algumas relações no âmbito do uso racional da energia, ou seja, existe um conjunto de informações consagradas pela sua eficiência em termos justificáveis à sua aplicação, que não se encontra internalizado no indivíduo, de forma a atender às suas necessidades e às do grupo social a que pertence. Entre esses dois níveis, o do conhecimento sistematizado, que promove o desenvolvimento, e o do conhecimento do senso comum, que não estabelece (ou falha em estabelecer) as conexões com o primeiro, encontram-se provavelmente as barreiras relacionadas ao comportamento humano. Nessa região intermediária, pode-se por vezes observar a informação interpessoal, por exemplo numa conversa informal entre pessoas, superando a informação impessoal, como a dos jornais, pela fragilidade dos conceitos preexistentes.

A educação para o uso racional da energia deve, portanto, em primeiro lugar, buscar a inserção do indivíduo no processo de ensino-aprendizagem, para posteriormente agregar as informações diretamente ligadas ao tema. Dessa forma, existe a possibilidade de que sejam identificados, ou pelo menos percebidos, alguns dos elementos que favoreçam o surgimento de barreiras e como contorná-los mediante um procedimento educacional. Nesse sentido, um dos caminhos a ser percorrido seria o do desenvolvimento de tópicos pertinentes à realidade local do indivíduo (contextualização), que possibilitem, posteriormente, a extrapolação para outros âmbitos.

O professor, dentro dessa perspectiva, assume o papel de mediador entre as informações presentes no ensino do uso racional da energia e o universo conceitual do estudante, por meio da demonstração, da participação, do questionamento e da informação propriamente dita. Com base em diretrizes definidas, segundo critérios estratégicos para o desenvolvimento socioeconômico em atividades de médio e longo prazos, o docente deve receber suporte da sociedade como um todo. As entidades públicas, em particular as universidades, em parceria com a iniciativa privada, possuem potencial para oferecer auxílio às escolas, no desenvolvimento de um trabalho que atenda às comunidades que compõem o ensino fundamental, médio e superior. A educação deve ser oferecida por quem tenha condições de respeitar o processo cognitivo, esteja atento aos processos afetivos que possam surgir e que tenha o domínio necessário, conforme a área de atuação, dos conceitos referentes ao uso racional da energia.

O material paradidático

Propostas e desafios

A aplicação do presente material paradidático baseia-se nas indicações feitas nos Parâmetros Curriculares Nacionais (PCN), ou seja, o desenvolvimento de um processo educacional que respeite a realidade socioeconômica da sociedade, permitindo o surgimento de um cidadão crítico e consciente dos seus direitos e deveres. A abordagem dos conteúdos programáticos, levando-se em conta exemplos que fazem parte do cotidiano das pessoas, representa uma das formas de estabelecer a conexão entre o saber sistematizado e a prática deste (contextualização do conteúdo).

A energia e o seu uso eficiente representam um dos temas atuais estratégicos e de significativa influência na vida das pessoas. Os conceitos e procedimentos envolvidos no uso racional da energia[2] permitem um processo de integração do conhecimento, como o uso de combustíveis fósseis, que, do ponto de vista da Geografia e da História, torna possível avaliar as pressões de origem financeira e geopolítica que acarretaram o atual modelo de consumo; por meio da Matemática, da Química e da Física podem-se relacionar os tratamentos numérico e conceitual dos processos envolvidos, por intermédio de uma abordagem científica; pela Biologia e pela Química é possível avaliar os impactos ambientais associados ao uso dos combustíveis; e principalmente do ponto de vista da língua escrita e falada, em razão de seu poder de elaboração (organização) e transmissão

---

2 O uso racional da energia também é conhecido como conservação de energia, entretanto essa última designação é mais aplicada nas engenharias e pode transmitir, em outras áreas, a idéia equivocada a respeito do Princípio da Conservação da Energia. Neste material, optar-se-á pela terminologia "uso racional de energia" e algumas variações que transmitam o conceito de eficiência energética.

de idéias. Além disso, existe a possibilidade de todas essas disciplinas estarem participando simultaneamente na análise de determinadas situações, sendo, portanto, mais uma ferramenta que contribui para o processo de ensino-aprendizagem. Tais exemplos constituem uma pequena amostra do que um tema transversal pode gerar, exigindo dos professores muita criatividade, pois os procedimentos interdisciplinares, em sua maioria, precisam ser construídos.

O conteúdo deste material paradidático pode ser dividido em cinco partes: o texto principal, o texto secundário (notas complementares ao texto principal), as atividades propostas (com objetivos e orientações específicas), os exemplos de aplicação e as referências bibliográficas. No conjunto, os conteúdos propostos visam estabelecer uma forma alternativa de encarar as questões relacionadas ao uso da energia por meio de um processo educacional que proporcione uma melhor compreensão dos conceitos envolvidos e tire o máximo proveito das informações disponíveis no cotidiano das pessoas.

No Capítulo 1, são discutidos os aspectos evolutivos da espécie humana e as conseqüentes transformações à qual a natureza foi submetida em nome do desenvolvimento social, político e econômico. Pretende-se desenvolver uma discussão inicial a respeito da capacidade que o homem tem de modificar o meio ambiente para o atendimento das suas necessidades, evitando, no entanto, mencionar o termo energia, apesar de este estar implícito.

A definição da energia e as formas pela qual ela é disponibilizada ao consumo da sociedade é objeto do Capítulo 2. No Capítulo 3, é discutida a participação da energia no cotidiano das pessoas, como elas a utilizam e quais são os principais reflexos ao meio ambiente.

Após a discussão de aspectos qualitativos da energia, o Capítulo 4 apresenta o uso racional da energia, por meio da avaliação quantitativa de alguns casos, como forma de economia de recursos e de capital.

No Capítulo 5 são apresentados alguns textos que evidenciam a relevância da questão energética. Finalmente, no Capítulo 6, discute-se a importância de se colocarem em prática os conceitos de uso racional da energia, como forma de exercer a cidadania.

As Referências bibliográficas permitem o aprofundamento dos assuntos abordados, e elas podem servir de mote para o desenvolvimento de várias atividades.

A participação do professor dentro dessa proposta é fundamental. As informações aqui apresentadas somente terão sentido se colocadas em prática, respeitando-se os processos didáticos, pedagógicos e cognitivos dentro de uma sala de aula. O uso racional da energia não se constitui como uma disciplina, mas é uma fonte de exemplos que podem enriquecer o processo educacional.

Rubens Alves Dias
Cristiano Rodrigues de Mattos
José Antônio Perrella Balestieri

Prefácio

Quando, em 2002, fui convidado a ler a tese de doutorado de Rubens sobre o uso racional da energia, já me dava conta do potencial multiplicador daquele trabalho. Ao conversar com José Antônio, Cristiano e Rubens, foi gratificante perceber a vontade contagiante destes três pesquisadores de levar adiante não apenas um trabalho acadêmico, mas aquilo que se identificava como uma genuína causa a ser defendida no contexto sócio-eco-sistêmico; mais especificamente, como a construção de uma consciência social sobre usos da energia.

Mais que uma percepção aguda de uma crise de caráter eventual, trata-se de uma consciência construída ao longo de muitos anos de enfrentamento da idéia de finitude das fontes exploráveis de energia baseada em conhecimentos científicos e tecnológicos (e de educação), e de uma compreensão das complexas imbricações da questão energética (produção, distribuição, consumo) com os diferentes e, não raras vezes, conflitantes interesses sociais e econômicos.

Como mãe de todas as possibilidades transformadoras inventadas e realizadas pela humanidade, a energia dominada favoreceu a emergência de uma classe de protagonistas de ações transformadoras eficientes – os engenheiros – outorgados pela sociedade para zelar pela constante recriação de bens materiais, por meio de um poder especial adquirido com o conhecimento técnico-científico, e para tornar eficiente a consecução de processos de transformação da natureza, cada vez mais sofisticados e intensivos.

Tal incentivo ao desenvolvimento cognitivo da capacidade de artificialização da natureza suscita o compromisso de cultivar um uso adequado da energia para além do econômico, e do que ela propicia em termos de produção de bens materiais. Falamos de tecnologia, de desenvolvimento tecnológico, de intervenção tecnológica e de sociedade. Sim, de sociedade, porque tecnologia se funde com sociedade.

Não há como passar despercebido que as sociedades ocidentais são de tal modo permeadas pela tecnologia que a sua histórica concepção artefatual não dá mais conta de explicar a profunda interação entre o social e o tecnológico. A concepção de tecnologia como processo social, ou o conceito sistêmico de tecnologia, emerge como um modo de significar a complexidade relacional entre a ciência, a tecnologia, a sociedade e também a natureza. Para essa nova imagem de tecnologia, os fatores organizativos e culturais (e ambientais) são tão importantes quanto os técnicos. Isto revela uma nova dimensão para as relações entre os humanos e a natureza (inclui-se aqui a natureza transformada).

Em última instância, trata-se também de pensar e agir para uma sustentabilidade da vida no planeta e, por conseqüência, de uma educação para a responsabilidade social e ambiental; um diferencial formativo que este livro também se propõe realizar.

Trabalhos dessa envergadura certamente constituem motores para o desenvolvimento de capacidades criativas e críticas no que diz respeito ao desenvolvimento social e, por decorrência, tecnológico, assumindo afinal que não é a tecnologia que determina o desenvolvimento social, mas que cabe à própria sociedade ser responsável pela tecnologia que imagina ou deseja que sirva aos seus propósitos.

A história nos permite perceber que as fontes de energia não são tão amplas como se fazia crer. Percebemos também que a satisfação hedonista é incompatível tanto com a capacidade da natureza em atendê-la, quanto com a distribuição dos benefícios tornados possíveis com o uso da energia, emergindo daí muitas das crises sociais a que temos assistido.

Por conta dessa tomada de consciência social da finitude e da responsabilidade, despontam atores que buscam corrigir rumos, apontar possibilidades e contribuir para uma convivência sócio-eco-sistêmica mais tolerável. É também nessa direção que aponta este material paradidático potencialmente multiplicador de atitudes responsáveis quanto ao uso da energia.

Com a ajuda de princípios termodinâmicos associados aos processos de transformação da energia, apresentados de maneira clara e objetiva, o livro aborda, de forma equilibrada, a questão energética numa perspectiva da sua utilização cotidiana. Não perde de vista a trajetória da exploração das diferentes fontes naturais, da produção, do condicionamento e da distribuição que a tornam acessível ao consumo. Abre a grande "caixa preta da energia" expondo suas entranhas sem, contudo, perder-se num emaranhado de questões tecno-científicas, que tenderiam a desfocar a problemática do seu uso racional, o foco deste material. Para facilitar a construção de uma compreensão do uso da energia e suas implicações, baseada em traduções de conhecimentos científicos e tecnológicos, abre "pequenas caixas pretas" – representadas por artefatos tecnológicos comuns (chuveiro, ferro de passar, lâmpada) –, aproveitando a sua familiaridade. Desta maneira, trabalha com fragmentos sem perder a noção de totalidades no ato de conhecer.

Esta publicação se inscreve de forma muito apropriada num contexto sociotécnico que se identifica com uma visão de possível escassez de energia por uso descontrolado, decorrente de uma suposta autonomia e fecundidade criativa da tecnologia centrada no lucro. Por outro lado, expõe o dilema de uma cultura histórica de progresso associado ao bem-estar baseado numa falaciosa idéia de inesgotabilidade dos recursos ambientais.

Fala-se aqui na capacidade transformadora engendrada pela tecnologia, o que remete necessariamente a uma nova ordem científico-tecnológica reclamada por fóruns como o de Budapeste (1999), centrada numa compreensão de não-neutralidade da ciência e numa visão não-determinista da tecnologia, que remete à idéia de regulação social dessas atividades. Certamente isso leva a desdobramentos importantes no que se refere a tudo o que diz respeito à produção e ao consumo de bens materiais e, conseqüentemente, à produção e ao consumo de energia.

Desse modo, há que se reconstruir sentidos sobre concepções de mundo tidas faz pouco tempo como inquestionáveis, porque naturalizadas. É aqui que a idéia de uma educação para o uso racional da energia (e para a sustentabilidade) encontra seu campo mais significativo e fecundo. A construção de novos sentidos quanto ao uso da energia como temática transversal alinha-se com as indicações apresentadas nos Parâmetros Curriculares Nacionais (PCN) e, desse modo, confere a este livro um caráter peculiar de atualidade.

Há também, no âmago deste livro, uma convergência marcante com o enfoque educacional CTS (Ciência, Tecnologia e Sociedade), no que diz respeito aos objetivos de formação de capacidade crítica e criativa, com vistas à transmissão de poder social ao público em geral. Uma sociedade formada com estas características pode ocupar seu lugar legítimo nas mesas de negociação e decidir responsavelmente sobre as coisas tecnológicas que a afetam, incluídas aí as questões energéticas.

Cumprimento os colegas Rubens, José Antônio e Cristiano pela iniciativa e pelo esforço em oferecer ao público brasileiro, e aos professores e estudantes do ensino fundamental e médio de São Paulo em particular, este oportuno livro paradidático sobre o uso racional da energia.

Irlan von Linsingen
Florianópolis, julho de 2005.

EMC/CTC/UFSC
NEPET (Núcleo de Estudos
e Pesquisas em Educação Tecnológica)

1
DESENVOLVIMENTO HUMANO E MEIO AMBIENTE

Introdução

Desde o surgimento dos primeiros grupos humanos, impulsionados pelo desafio da sobrevivência, a necessidade de transformação dos recursos naturais conferiu ao homem uma extraordinária capacidade de desenvolvimento, principalmente pelo uso de sua inteligência.

Durante os milhares de anos que o homem vem interagindo com a natureza, foi a partir do século XIX que o ritmo de desenvolvimento começou a aumentar de forma significativa, principalmente com o surgimento de novas técnicas produtivas, destacando-se as atividades nos setores industrial e agrícola.

Pelo aperfeiçoamento das atividades humanas, associadas com o desenvolvimento da medicina e das técnicas de saneamento básico nas grandes cidades, criaram-se condições para um notável crescimento populacional durante o século XX. Felizmente, ou infelizmente, boa parte da população mundial não dispõe do potencial de consumo de bens e serviços que possuem os países classificados como desenvolvidos, caso contrário, o mundo poderia estar numa situação pouco confortável quanto às condições ambientais.

Talvez seja este o maior desafio da humanidade: oferecer condições de desenvolvimento para todas as pessoas, conforme as diversidades culturais, respeitando-se os processos naturais como forma de garantir a manutenção da qualidade de vida sobre a Terra.

Aspectos evolutivos da humanidade: adaptações e transformações no ambiente

A capacidade de aproveitamento dos recursos naturais fez do homem, dentro de um referencial evolutivo por ele mesmo concebido, um dos principais elementos que contribuíram para a sua permanência na Terra, desde a pré-história até o presente momento.

O domínio do fogo, a agricultura e a domesticação dos animais foram os primeiros passos do homem primitivo na transformação de seu hábitat. O uso do fogo,[1] além de proporcionar o conforto térmico, serviu de instrumento de defesa contra predadores e outros grupos humanos concorrentes, bem como possibilitou a criação, numa época posterior, de utensílios para o seu próprio uso, como as primeiras cerâmicas. A atividade agrícola[2] garantiu a disponibilidade de alimentos de forma mais regular ao longo dos anos, favorecendo dessa forma a fixação geográfica[3] e o crescimento dos grupos humanos. A domesticação dos animais, principalmente os destinados à tração (lavra e transporte), contribuiu com o aumento da produtividade dos alimentos e, conseqüentemente, criaram-se condições para as primeiras organizações sociais, como as aldeias e cidades (Menezes, 1986).

---

1 Estima-se que o homem já dominava o fogo havia cerca de vinte mil anos.
2 Provavelmente iniciada por volta de quinze mil anos atrás.
3 Antes das primeiras atividades agrícolas, os grupos humanos eram nômades e dependiam do extrativismo para a sua subsistência.

Atividade 1.1

▶ Pesquisar sobre as atividades humanas na pré-história. É possível identificar elementos comuns entre o passado e o presente da humanidade?

A biomassa, representada pela lenha, juntamente com os óleos vegetais e animais, alguns aproveitamentos hidráulicos (rodas-d'água) e eólicos (embarcações a vela), constituíam as principais formas de uso dos recursos naturais durante a evolução humana do neolítico ao início do segundo milênio.

Na Europa, entre os séculos XII e XVIII, os processos produtivos já contavam com uma participação mais intensa da biomassa, da tração animal e da força hidráulica e eólica, o que proporcionou aumento da produção agrícola, multiplicação das trocas, crescimento das atividades manufaturadas e, numa forma mais abrangente, a expansão do capitalismo. Mas, em contrapartida, o desenvolvimento socioeconômico desencadeou novas necessidades energéticas, o que levou à intensificação da exploração florestal, com a ampliação dos desmatamentos em regiões que não foram ocupadas pela agricultura, provocando uma diminuição progressiva da oferta da madeira, seguida do aumento do seu valor comercial.

Na América do Norte, a situação é oposta à da Europa, pois se tratava de um território recém-colonizado pelos ingleses e irlandeses no século XVII e tinha a seu favor grande disponibilidade de madeira e recursos hídricos. De acordo com Martin (1992), "essa abundância de recursos, substituída posteriormente pelo carvão e petróleo, molda uma cultura que exclui a raridade energética; todas as tecnologias norte-americanas carregam a marca disso, e presumem um consumo de energia excepcionalmente elevado desde o início do século XIX".

Atividade 1.2

▶ Indicar, numa escala cronológica, os principais fatos ocorridos na Idade Média. Como as pessoas viviam naquela época?

A crise da madeira que atingiu a Europa a partir do século XVI somente foi superada pelas transformações tecnológicas decorrentes da Revolução Industrial do século XVII. O carvão mineral assume, então, uma participação crescente como combustível na obtenção de calor, impulsionado pelas primeiras máquinas a vapor.

A partir da segunda metade século XIX, os Estados Unidos despontaram como pioneiros da atual indústria petrolífera no mundo.

Atividade 1.3

▶ Como se desenvolveu a indústria do petróleo na segunda metade do século XIX? Como foi o seu desenvolvimento no Brasil?

A indústria elétrica[4] também colaborou na superação das limitações tecnológicas dos meios de produção e teve importante participação na expansão dos centros urbanos. As bases desse negócio, tais como são conhecidas nos dias de hoje, são de origem norte-americana, cujo desenvolvimento se deu no decorrer da segunda metade do século XIX. A afirmação desse novo setor energético é garantida pela fabricação em série dos motores elétricos e pela crescente utilização das lâmpadas incandescentes, em conjun-

---

4 O setor elétrico basicamente divide-se em dois segmentos: produção e suprimento de eletricidade e fabricação de equipamentos e acessórios.

to com o aperfeiçoamento das unidades geradoras de eletricidade (térmicas e hidráulicas). Nessa mesma época, a Alemanha possuía também importante participação no desenvolvimento da indústria elétrica. A Alemanha e os Estados Unidos foram então favorecidos por uma estrutura industrial menos influenciada pela Revolução Industrial, estando, portanto, mais aptos à adaptação às novas tecnologias.

Após a Segunda Guerra Mundial (1939-1945), a participação do petróleo, da eletricidade e do gás natural determinou a dinâmica da economia mundial da segunda metade do século XX.

Entre 1950 e 1973, o mundo vivenciou um considerável crescimento no consumo de produtos e serviços, em que a eletricidade e o gás natural tiveram a sua produção multiplicada por seis e o petróleo por aproximadamente cinco.

Atividade 1.4

▶ Perguntar aos conhecidos e familiares, ou pesquisar em livros, como era a vida no Brasil entre 1950 e 1970. Quais eram as dificuldades e os confortos da época?

Os conflitos envolvendo Israel, Egito e Síria, no fim de 1973, serviram de cenário para a mobilização dos países árabes exportadores de petróleo na defesa de seus interesses geopolíticos, tendo como conseqüência o aumento do valor do barril de petróleo de US$ 2,99 para US$ 11,65, ficando nesse patamar até 1979, quando ocorreu a segunda crise do petróleo, na qual o valor do barril chegou próximo dos US$ 40,00.

Em 1986 o aumento da oferta do petróleo no mercado, forçado pela Arábia Saudita, determinou a queda do valor do barril em uma faixa compreendida entre US$ 12,00 e US$ 20,00 (Melloni, 2000).

Nos últimos quinze anos do século XX, foram agregados outros elementos à questão energética mundial, podendo-se destacar os seguintes:

- a crescente preocupação com o meio ambiente, e os impactos ambientais ocasionados pela exploração dos recursos naturais;
- a Guerra do Golfo (1991), que traz novamente à tona o sentimento de dependência do petróleo (Dias, 1999);
- a retomada dos programas de uso racional da energia e das pesquisas sobre fontes alternativas após a Guerra do Golfo, prejudicados num primeiro instante pela queda do preço do barril do petróleo em 1986;
- modificações estruturais no setor elétrico a partir da metade da década de 1990, nos Estados Unidos e em alguns países da Europa;
- o aumento da participação do gás natural no mercado energético no fim do século XX;
- o aumento do valor do barril de petróleo ao longo do ano 2000, em razão das influências mercadológicas, pois os Estados Unidos, o Japão e os países asiáticos, na retomada do crescimento econômico em 1999, ampliaram suas importações do produto, e, na mesma época, tanto os Estados Unidos quanto a Europa foram submetidos a um inverno rigoroso, que também proporcionou um aumento no consumo de energia. Em virtude do crescimento da demanda de petróleo, a Organização dos Países Exportadores de Petróleo (Opep) decidiu manipular a produção de tal forma a obter alguma vantagem comercial (Dieguez, 2000).

Atividade 1.5

▶ As pessoas realmente se preocupam com a natureza? Listar as atividades que são consideradas positivas e negativas, por parte das pessoas, em relação ao meio ambiente. Discutir os resultados obtidos.

A presença da natureza

Muito se discute sobre a preservação do meio ambiente e sua importância para a manutenção da vida na Terra. Todavia, certas conclusões e atitudes acabam sendo direcionadas aos efeitos das atividades humanas, e as causas ficam desprovidas de uma análise mais profunda e, em algumas vezes, acabam tendo uma interpretação distorcida. Qualquer discussão mais séria sobre a participação do ambiente no desenvolvimento humano requer muito estudo e, principalmente, bom senso na avaliação das atividades socioeconômicas.

No desenvolver da história do homem, este tem utilizado a natureza como uma ferramenta que lhe proporcionou e proporciona uma série de facilidades e conforto, desde a redução do esforço muscular até a possibilidade de viagens intercontinentais.

Toda atividade humana em maior ou em menor grau altera o equilíbrio do meio ambiente. Na natureza, podem-se destacar três ciclos de considerável importância: do ar, da água e do carbono. Os problemas ambientais são decorrentes da interferência humana nesses ciclos, e estes são caracterizados por dois fatos de relevância: todos os ciclos estão interligados e cada ciclo natural tem um intervalo de tempo próprio para ocorrer (Menezes, 1986).

Por exemplo, na formação do petróleo (ciclo do carbono) foram necessários aproximadamente seiscentos milhões de anos, e o uso dos derivados de petróleo como combustível data de um pouco mais que um século. Durante a utilização dos combustíveis fósseis, um dos principais gases emitidos é o dióxido de carbono (CO_2), ou seja, é devolvida ao meio ambiente (para a atmosfera), num curto período de tempo, uma quantidade de carbono que levou milhões de anos para transformar-se em petróleo. O CO_2 é um dos principais responsáveis pelo efeito estufa, que acarreta uma série de modificações climáticas, dentre elas as alterações nos níveis pluviométricos (chuvas) e nos deslocamentos das massas de ar (ventos).

Atividades 1.6

▸ **1** Pesquisar a formação dos combustíveis fósseis. Tratando-se de uma fonte não-renovável, o uso de tais combustíveis está sendo feito de forma consciente?

▸ **2** A biomassa (por exemplo: lenha, bagaço de cana e resíduos agrícolas) faz parte do ciclo do carbono. É possível estabelecer algum equilíbrio entre o seu desenvolvimento e uso?

▸ **3** Esquematizar os ciclos do ar e da água.

Nos ciclos apresentados, existe uma série de transformações físicas e químicas que possuem a sua origem na luz que a Terra recebe do Sol.[5] A evaporação da água na superfície terrestre relaciona-se com o ciclo da água, os deslocamentos das massas de ar pelas diferenças de temperatura nas regiões definem o ciclo do ar, e a obtenção da glicose por parte dos vegetais, pela fotossíntese,[6] representa a incorporação do carbono, presente na atmosfera, na base da cadeia alimentar dos seres vivos e na formação de compostos orgânicos (por exemplo, os combustíveis fósseis), que, por sua vez, constituem o ciclo do carbono.

Atividade 1.7

▸ Pesquisar a provável formação das estrelas e do nosso sistema solar.

---

5 A reação química que ocorre no Sol é determinada pela união de dois isótopos (mesmo número atômico) do hidrogênio, o deutério, formando gás hélio e liberando grande quantidade de calor. A esse processo dá-se o nome de fusão nuclear.

6 Formação de carboidratos e liberação de oxigênio (O_2), a partir do dióxido de carbono e água, nas células clorofiladas de plantas verdes, sob a influência da luz.

A participação do homem

À medida que os grupos humanos foram se desenvolvendo ao longo da história, passando de nômades e chegando ao nível de organizações sociais mais complexas, como nos grandes centros urbanos da atualidade, a sua interação com o meio ambiente foi além da obtenção do essencial à sobrevivência, culminando no que hoje é classificado como sociedades de consumo, representadas principalmente pelos países desenvolvidos.

O aumento do consumo de produtos e serviços, principalmente até o início da década de 1970, foi resultado dos anseios da sociedade, particularmente pelos Estados Unidos após a Segunda Guerra Mundial, e pelos interesses dos grupos detentores do capital financeiro. Outro fator a ser considerado foi o crescimento da população mundial, conforme exposto na Figura 1.1 (United Nations, 1999), que levou as organizações econômicas já estabelecidas a buscar e criar novos mercados consumidores, bem como a transferência de atividades produtivas para os novos centros de consumo.

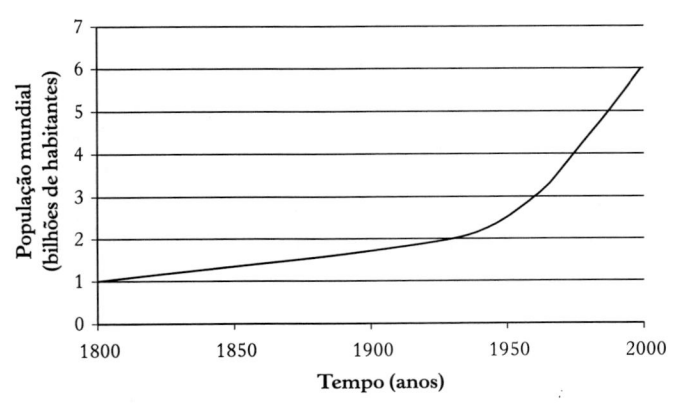

Figura 1.1 – Crescimento da população mundial.

No período anterior à década de 1970, a maioria das atividades socioeconômicas era fundamentada na plena disponibilidade dos recursos naturais, não havendo vínculos bem definidos em relação aos danos ao meio ambiente quanto a obtenção e uso desses recursos. Os primeiros sinais de sensibilização mundial quanto à possibilidade de escassez de tais recursos deram-se nas duas crises do petróleo (1973 e 1979), quando o mundo percebeu o seu grau de dependência em relação aos combustíveis fósseis e às conseqüências de sua falta num futuro próximo. Nessa mesma época, os movimentos ambientalistas, que vinham se tornando cada vez mais organizados a partir da década de 1960, ganharam força graças ao avanço da tecnologia, principalmente a aeroespacial, possibilitando a aquisição de informações da Terra por meio de satélites, o que favoreceu o surgimento das análises e projeções acerca das modificações ambientais decorrentes das atividades humanas.

Atividades 1.8

▶ **1** Qual foi o principal combustível até a década de 1950 no Brasil? E depois?

▶ **2** Como eram os automóveis da década de 1960? O que se desejava de um automóvel naquela época? Faça um paralelo com os modelos atuais.

▶ **3** Nos dias de hoje, ainda é possível encontrar maus exemplos de uso dos recursos naturais? Em caso afirmativo, enumerar alguns exemplos e propor prováveis soluções.

▶ **4** Definir poluição por meio do conceito de ciclos presentes no meio ambiente.

2
A ENERGIA

Introdução

A história humana tem se caracterizado pela interferência do homem na natureza, que a transforma com a finalidade de aproveitar seus recursos para o atendimento das necessidades pessoais. Nesses processos, ocorre uma série de transformações materiais, nas quais está sempre presente a *energia*, participante invisível porém observável em seus resultados. Neste capítulo, serão apresentados elementos que têm por objetivo gerar uma discussão sobre o conceito de energia, qual a sua participação e conseqüências na vida das pessoas e as formas mais usuais de conversão energética.

O que é a energia?

A palavra energia já faz parte do dia-a-dia das pessoas, seja nos jornais, na televisão ou ainda até mesmo nos elementos que compõem o café-da-manhã – basta lembrar-se daquele rótulo colorido do cereal, ou do achocolatado, no qual se apresenta uma série de informações nutricionais, dentre elas o valor energético do produto. Existem outras ocasiões em que a palavra energia é usada para discutir temas de abrangência nacional ou até mesmo mundial, como as questões relacionadas à sua escassez e às fontes alternativas. O termo energia já se encontra incorporado à linguagem cotidiana, mas nem sempre é perfeitamente compreendido, tampouco se compreende qual é a sua relação com as transformações naturais e aquelas operadas pelo homem.

Atividade 2.1

▶ Pesquisar em revistas, jornais e rótulos de produtos alimentícios a presença de palavras relacionadas com a energia. Analisar em que contexto estão enquadrados os termos referentes a energia, verificando-se se há ou não compreensão de que tipo de informação se pretende transmitir.

A energia é normalmente definida como a capacidade que um determinado corpo[1] possui para realizar trabalho.

Uma das formas observáveis mais comuns dos efeitos da energia é a sensação de quente ou frio. Entretanto, como foi afirmado, esse é um efeito. Para chegar ao ponto de realizar uma medida da quantidade de energia, precisa-se conhecer um pouco mais um dos ramos da Física, a Termometria. É com esse conjunto de conhecimento que se podem definir os conceitos necessários à compreensão do significado científico da energia. O primeiro conceito a ser abordado, de forma preliminar, é o da *temperatura*.

---

1 A energia trata de um conceito abstrato, no qual os resultados observáveis se encontram somente em seus efeitos; o termo corpo, nesse contexto, refere-se ao que está sendo observado, analisado ou estudado, como o corpo humano, um rio ou uma máquina.

Historicamente, o conceito de temperatura surgiu como uma grandeza que representava o estado de um corpo, ou seja, se um corpo estava frio e "esquentou", significa que seu estado mudou. Assim, ao se medir a temperatura, pode-se saber de "quanto" esse corpo mudou de estado. Com base em tais observações, surgiram os primeiros termômetros e as diferentes escalas termométricas. As escalas usuais de medição de temperatura são Celsius ($°C$), Fahrenheit ($°F$) e Kelvin[2] (K).

Posteriormente, a temperatura foi associada a uma "energia do corpo", e a variação da temperatura representava a variação dessa energia. O conceito de *calor* aparece como uma representação da energia do corpo que varia com a temperatura. Assim, o calor passa a ser definido como uma das formas manifestadas pela energia, tornando-se objeto de estudo da Termodinâmica. A energia pode apresentar-se de outras formas. Dentre elas, podem-se citar as energias potencial e cinética,[3] referentes ao estudo da Mecânica; a energia elétrica desenvolvida pela Eletrostática e pela Eletrodinâmica; a energia química presente nas reações químicas e a energia nuclear nas interações atômicas. Portanto, a maneira pela qual a energia se torna perceptível dependerá do fenômeno observado e, possivelmente, envolverá as várias áreas do conhecimento científico.

---

2 Lord Kelvin estabeleceu, em 1848, a escala absoluta. Experimentalmente, Kelvin observou que a pressão de um gás diminuía de $1/273$ do valor inicial quando resfriado com volume constante de $0°C$ a $-1°C$. Concluiu, então, que a pressão seria nula quando o gás estivesse a $-273°C$. Como a pressão do gás é decorrente do grau de agitação das partículas e, conseqüentemente, do número de colisões destas na parede de um recipiente, numa situação de pressão nula as partículas estariam em repouso, ou seja, estariam a $0 K$.

3 A energia potencial está associada à ação do efeito gravitacional terrestre sobre os corpos, mediante diferentes alturas, ou seja, a energia potencial será maior (menor) à medida que aumentar (diminuir) o desnível entre uma posição de referência e outra acima dela. A energia cinética dependerá da velocidade que um determinado corpo adquire, ou seja, quanto maior (menor) for a velocidade de um corpo, maior (menor) será a sua energia cinética.

A Primeira e a Segunda Leis da Termodinâmica oferecem condições para a compreensão dos fenômenos que
envolvem a energia e as relações decorrentes do seu uso,
principalmente na avaliação da quantidade de energia necessária e de quão eficiente é determinado processo.

Primeira Lei da Termodinâmica

De acordo com Lavoisier, a energia não pode ser criada
ou destruída, somente transformada. O aparecimento de
certa forma de energia é sempre acompanhado do desapa-
recimento de outra forma de energia em quantidade igual.
Esse princípio físico estabelece que, quando uma quantidade de calor Q é absorvida ou cedida por um sistema, e um
trabalho W[4] é realizado por esse sistema ou sobre ele, a variação da energia no interior do sistema ΔE fica definida
pela equação.

$$Q - W = \Delta E$$

A Primeira Lei da Termodinâmica aborda *aspectos
quantitativos* com relação à energia antes e depois de um
processo de transformação. Considerando-se o automóvel
como exemplo, o calor obtido da gasolina (energia) no
motor é transformado em movimento; esse processo pode
ser interpretado da seguinte forma: a energia química contida numa certa quantidade de gasolina, ao ser queimada no
motor (em presença de ar), é convertida em calor (energia
térmica). Esse calor (contido nos gases formados durante
a queima) irá aquecer o bloco do próprio motor, sendo

---

4 O conceito de trabalho dentro da Física é mais específico quando
comparado ao seu significado usual. De acordo com a Física, somente ocorrerá a realização do trabalho quando uma força aplicada, na
sua totalidade ou em parte, em um corpo estiver na mesma direção
do deslocamento deste. Um exemplo clássico de não-realização de
trabalho, segundo o conceito físico, é de um homem carregando um
objeto nos braços ao longo de uma calçada.

transferido em parte para o óleo lubrificante e para a água do radiador; outra parte do calor fará movimentar um conjunto de peças, dentre elas o eixo-motor responsável pelo deslocamento do veículo (energia mecânica), além de vencer o atrito[5] entre elas, e o que não for possível aproveitar será eliminado pelo escapamento. A Figura 2.1 ilustra um motor de combustão interna e as energias envolvidas.

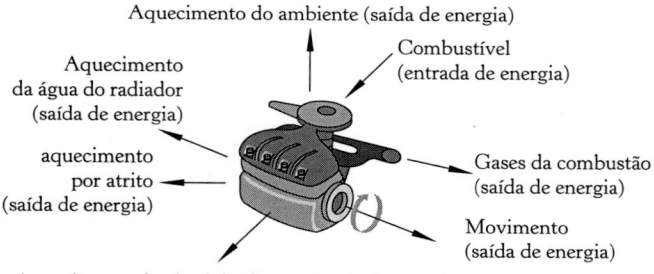

Figura 2.1 – Desenho esquemático de um motor automobilístico e os fluxos de energia envolvidos.

Atividade 2.2

▶ Assim como ocorre no motor de combustão interna, os processos de transformações energéticas estão presentes nas atividades humanas. Com base em observações próprias, exemplificar alguns processos em que possam ser identificados os principais fluxos energéticos.

---

5 O atrito surge do contato entre duas ou mais superfícies decorrente das imperfeições (não existe superfície totalmente lisa) e características dessas superfícies e do meio em que se encontram, criando forças que dificultam o movimento. Por exemplo, ao friccionar as mãos, elas aquecem por atrito; durante a queda de um pequeno meteorito, ele entra em atrito com a atmosfera terrestre (ar), ocorrendo o seu aquecimento e desintegração (queima). O atrito também tem os seus aspectos positivos, dentre eles a possibilidade de as pessoas caminharem.

Segunda Lei da Termodinâmica

A Segunda Lei da Termodinâmica se ocupa dos *aspectos qualitativos* dos processos de transformação na natureza, levando-se em conta que os fenômenos naturais possuem um sentido preferencial para ocorrer. Por exemplo, ao amontoar areia em um terreno e deixá-la exposta ao meio ambiente, a tendência é que com o passar do tempo o monte se disperse no local e desapareça. É praticamente impossível que cada grão de areia, por si só, consiga se juntar aos demais para formar um monte igual ao feito pela ação humana. Todavia, os processos em sentido oposto podem ser possíveis, mas necessitam de uma interferência externa; no caso do monte de areia, alguém munido de uma pá terá que manter o monte organizado, ou seja, terá que gastar energia.

Um outro exemplo seria o que ocorre nos rios. Estando as suas nascentes acima do nível do mar, em termos de energia pode-se dizer que a água possui uma determinada energia potencial (possui uma massa a uma dada altura). À medida que águas se deslocam ao longo do rio, a altura vai diminuindo em relação ao nível do mar, seguida da diminuição da energia potencial (que está sendo convertida em energia cinética), até chegarem ao oceano. De acordo com a Segunda Lei, parte das águas que se encontram no oceano por si só não retornaria às nascentes e, portanto, necessitaria de uma interferência externa para o suprimento dos rios. Na natureza, o Sol é o agente externo que fornece energia para a realização do deslocamento das massas de água, através da formação das nuvens e dos ventos, sobre a Terra.

Uma das conseqüências das análises da Segunda Lei é a possibilidade de identificação dos locais, dentro dos processos de transformação, onde ocorrem as chamadas *perdas energéticas*. Na avaliação dos processos reais, sempre existirão limitações (perdas) que podem ser de ordem natural e/ou tecnológicas. Por exemplo, em um automóvel a energia aproveitada do combustível fica em torno de 25% do total, os 75% restantes são perdidos.

Atividade 2.3

▶ Dentre os desafios da humanidade, a redução das perdas nas transformações energéticas constitui uma atividade destinada à criação de novas tecnologias e procedimentos sociais (comportamento) não somente para o uso da energia como também na formação de cidadãos. Diante dessa afirmação, identificar as várias perdas que ocorrem no cotidiano das pessoas.

Unidades de medida

Nos meios de comunicação de massa (televisão, revistas, jornais, propaganda) e até mesmo em algumas publicações técnicas e educacionais é comum encontrar erros na abordagem da energia. Algumas unidades apresentadas são totalmente desprovidas de significado físico, quando não se misturam conceitos distintos. A seguir serão apresentadas as duas principais unidades de medida do setor energético, a energia propriamente dita e a potência.

Nos processos de transformação energética, tais como na obtenção de calor e trabalho (obtenção de movimento para o transporte ou acionamento de outras máquinas), a unidade de medida da energia no Sistema Internacional (SI) é o joule (J) em homenagem ao físico inglês James P. Joule.[6] Portanto, o joule diz respeito à quantidade de energia.

---

6 James P. Joule (1818-1889), físico inglês, foi discípulo do químico John Dalton na Universidade de Manchester e realizou uma série de experiências com as quais mostrou ser o calor uma forma de energia (ver a experiência proposta por Joule em Luz & Álvares, 1993, p.612). Esses trabalhos serviram de base para o estabelecimento do Princípio de Conservação da Energia (idem).

É oportuno salientar que ainda é comum encontrar uma antiga unidade para a energia, a caloria (cal), principalmente no setor alimentício. Na conversão das unidades, tem-se:

$$1 \text{ cal} = 4,18 \text{ J}$$

Outra forma de avaliar as transformações energéticas é através da rapidez com que estas se desenvolvem, a qual é chamada de potência, cuja unidade de medida no SI é o joule por segundo (J/s), sendo também chamado de watt (W) em homenagem a James Watt.[7]

A energia pode ser expressa ainda a partir de uma unidade que deriva da potência, muito comum no setor elétrico, o watt-hora (Wh). A seguir, é desenvolvida a relação matemática entre o watt-hora e o joule:

$$1\text{Wh} = 1\frac{\text{J}}{\text{s}} \cdot 1\text{h} = 1\frac{\text{J}}{\text{s}} \cdot 3600\text{s} = 3600\text{J}$$

Quando os conceitos de energia e potência são aplicados numa unidade de transformação energética, como numa usina hidrelétrica, a potência refere-se à capacidade em watts (W), em termos de equipamentos, que a usina pode fornecer; a energia em watt-hora (Wh) diz respeito ao intervalo de tempo em que a usina sustenta uma determinada capacidade, que, por sua vez, depende da quantidade de água armazenada (energia potencial).

Potências de dez

Nos processos presentes na natureza, os valores numéricos com suas respectivas unidades de medida podem apre-

---

7 James Watt (1736-1819), filho de um escocês fabricante de instrumentos e máquinas, seguiu a profissão do pai, tornando-se um habilidoso profissional. Em 1765, inventou um novo modelo de máquina a vapor que contribuiu enormemente para o desenvolvimento industrial do século XIX (Luz & Álvares, 1993).

sentar números das mais diferentes ordens de grandeza, que, para simplicidade de notação, são convertidos em potências de dez. Cada potência de dez possui um nome e seu respectivo prefixo, conforme exemplificado na Tabela 2.1.

Tabela 2.1 – Potências de dez

Valor numérico	Potência de dez	Prefixo	Símbolo SI
1000000000000	10^{12}	tera	T
1000000000	10^{9}	giga	G
1000000	10^{6}	mega	M
1000	10^{3}	quilo	k
1	10^{0}	–	–
0,1	10^{-1}	deci	d
0,01	10^{-2}	centi	c
0,001	10^{-3}	mili	m
0,000001	10^{-6}	micro	m
0,000000001	10^{-9}	nano	n
0,000000000001	10^{-12}	pico	p
0,000000000000001	10^{-15}	femto	f

No dia-a-dia, o uso dessas notações é bastante comum, como nos exemplos que se seguem:

- Setor alimentício:
  1 kg de farinha = 1.000 g de farinha
  290 ml de refrigerante = 0,290 l de refrigerante

- Setor de transportes:
  300 km de distância = 300.000 m de distância

No setor energético não é diferente; basta imaginar que a energia elétrica consumida no Brasil em 1999 foi de 300.000.000.000.000 Wh. Entretanto, números nesse formato, além de facilitarem a ocorrência de erros no momento da escrita, acabam dificultando a realização de cálculos em algumas situações. O mesmo valor pode ser escrito como 300 TWh.

Atividade 2.4

▸ **1** Pesquisar, em jornais e revistas, reportagens que envolvam unidades de medida no setor energético, e identificar valores ou ordens de grandeza que possam gerar dúvidas.

▸ **2** Procurar na própria residência valores de grandezas que estejam escritos em potência de dez, ou com seus respectivos prefixos.

As atividades humanas e o consumo de energia

Um exercício interessante na avaliação das atividades humanas, em relação ao uso da energia, é imaginar como se desenvolve o cotidiano das pessoas.

Atividade 2.5

▸ Relatar minuciosamente as suas próprias atividades, desde o momento em que acorda até o instante de ir dormir. Anotar, em cada ação, se ocorre a presença de alguma forma de energia.

Foi observado que os grupos familiares julgam mal a quantidade de energia usada nas atividades domésticas e tampouco as relacionam com os impactos ocasionados ao meio ambiente, e que esses erros persistem mediante determinados processos informativos (Stern, 1992). Tal fato, dentre vários fatores, também é uma conseqüência da chamada "invisibilidade da energia" (Constanzo et al.,1986), ou seja, na evolução histórica do uso da energia, o ser humano não reconhece hoje *a energia como uma mercadoria*, que passa pela sua aquisição, uso e descarte; basta lembrar que as pessoas no passado tinham que comprar ou sair à procura de lenha para o cozimento, e que, após o seu uso, as cinzas oriundas da queima da lenha tinham que ter alguma disposição final (por exemplo, na produção de sabão).

A questão não se resume em querer uma volta a outros tempos, mas visar a busca de caminhos para o resgate do sentimento de visibilidade da energia de modo que, sensíveis ao fato de que a sua geração, transporte e distribuição se efetivem, muitos esforços são necessários.

Atividade 2.6

▸ Esquematizar, com base nos próprios conhecimentos, o caminho da energia, desde sua fonte até o seu uso final, no funcionamento de um automóvel, no acendimento de uma lâmpada e no deslocamento de um barco a vela.

Ao se discutir o desenvolvimento humano e o uso da energia, surge a necessidade de incluir um terceiro elemento: *as questões ambientais*. Nesse ponto, torna-se oportuno observar que a qualidade de vida e os níveis de desenvolvimento dos países possuem uma relação com a quantidade de energia consumida *per capita*, e que aproximadamente 75% da população mundial se situa abaixo da média do consumo energético dos países desenvolvidos. Tal fato não significa que quem está abaixo desse referencial deva seguir determinados padrões de consumo, mas que existe um considerável potencial de aumento do consumo da energia, o que pode conseqüentemente acarretar uma série de outros problemas, dentre esses os ambientais (Goldemberg, 1998).

O que se discute atualmente são as bases para a implantação de um *modelo de desenvolvimento sustentável*, que pode ser definido como: o desenvolvimento que supre as necessidades do presente sem comprometer as condições de gerações futuras suprirem as suas próprias necessidades (Dincer, 1999). A interferência humana no meio ambiente está relacionada com o aumento populacional e com o significativo aumento no consumo individual, principalmente nos países industrializados. O que caracteriza as mudanças ambientais causadas pelo ser humano é o fato de ocorrerem num curto período de tempo, numa intensidade superior aos processos naturais (alterações nos ciclos naturais), fazendo com que a natureza assuma outros níveis de estabilidade, diferentes dos considerados ideais para a atual biosfera. Tais modificações, no meio ambiente, tornaram-se alvo de pesquisas e de crescente preocupação das pessoas (apesar de ser ainda baixo o nível de conscientização), em razão do surgimento de novos problemas relacionados com o desenvolvimento das populações no mundo. A Tabela 2.2 mostra os principais problemas ambientais.

Tabela 2.2 – Principais problemas ambientais

Problema ambiental	Principal fonte do problema	Principal grupo social afetado
Poluição urbana do ar	Energia (indústria e transporte)	População urbana
Poluição do ar em ambientes fechados	Energia (cozinhar)	Pobres nas zonas rurais
Chuva ácida	Energia (queima de combustível fóssil)	Todos
Diminuição da camada de ozônio	Indústria	Todos
Aquecimento por efeito estufa e mudança do clima	Energia (queima de combustível fóssil)	Todos
Disponibilidade e qualidade de água doce	Aumento populacional e agricultura	Todos
Degradação costeira e marinha	Transporte e energia	Todos
Desmatamento e desertificação	Aumento populacional, agricultura e energia	Pobres nas zonas rurais
Resíduos tóxicos, químicos e perigosos	Indústria e energia nuclear	Todos

Fonte: Goldemberg (1998).

De modo geral, todos esses problemas têm um grande número de causas, tais como o aumento populacional, as formas de crescimento econômico e a mudança de padrões da indústria, do transporte, da agricultura e da habitação. A maneira como a energia é produzida e utilizada está na base de muitas dessas causas (Goldemberg, 1998).

Atividades 2.7

▸ **1** Perguntar aos conhecidos e familiares, ou pesquisar em livros, que tipos e quantos eletrodomésticos estavam presentes nos lares nas décadas de 1950, 1970 e 1990.

▸ **2** As estatísticas comprovam que cada cidadão brasileiro gera em média 0,5 kg de resíduos (lixo) por dia, enquanto um nova-iorquino produz diariamente 1,8 kg (Holanda & Balestieri, 2000). Avaliar a própria produção diária de lixo. Pode-se afirmar que os resíduos gerados se relacionam com o uso energético e a degradação ambiental?

As conversões energéticas

O princípio da conservação da energia, que estabelece que a energia não pode ser criada nem destruída, apenas transformada, determina o conjunto de atividades que compõem as mais variadas formas de uso energético da sociedade moderna. Seja numa refinaria de petróleo, seja numa usina hidrelétrica, os processos envolvidos são os de transformação da energia a partir de uma determinada condição em outra que facilite a sua utilização. Muitas vezes, utiliza-se o termo produção por uma questão comercial, pois a energia é negociada como um produto, ou seja, está sujeita às regras de oferta e procura. Todavia, apesar de prevalecer o princípio da conservação da energia ao longo da cadeia de transformações (da extração até o uso final), é inerente o não-aproveitamento de uma determinada parcela da energia em cada etapa, o que está em conformidade com o princípio da entropia (Segunda Lei da Termodinâmica), ou seja, todos os processos estão sujeitos a perdas.

Atividade 2.8

▶ O automóvel pode ser admitido como uma unidade de transformação, utilizando a energia química da gasolina e convertendo-a em energia mecânica (movimento). O automóvel aproveita completamente a energia química do combustível?

A seguir, serão apresentadas as transformações energéticas associadas às duas principais fontes de energia do Brasil, os derivados do petróleo e a eletricidade. É oportuno salientar que em outros países as fontes primárias[8] de energia podem assumir várias combinações e percentuais de participação, de acordo com as características geográficas locais, tecnologia desenvolvida e reservas energéticas.

Atividade 2.9

▶ Pesquisar quais são as principais fontes energéticas primárias na França, no Japão, nos Estados Unidos e em Uganda.

---

8 As fontes primárias de energia são aquelas providas pela natureza na sua forma direta, como petróleo, gás natural, resíduos vegetais e animais, luz solar e ventos (MME, 2000).

A indústria do petróleo (Petrobras, 2000)

Exploração

O processo para localizar petróleo, que fica escondido nos poros das rochas e às vezes a milhares de metros de profundidade, é muito trabalhoso. E, quando isso acontece, ainda por cima, reluta em sair de seu esconderijo. Basta dizer que permanecem dentro das jazidas, grudados nas rochas sem poder ser recuperados, 70% a 90% de todo o petróleo descoberto.

Para que o petróleo seja encontrado, é utilizado um grande conjunto de métodos de investigação. Todos se baseiam em duas ciências: a Geologia, que estuda a origem, constituição e os diversos fenômenos que atuam, por bilhões de anos, na modificação da Terra, e a Geofísica, que trata dos aspectos físicos dos fenômenos geológicos. A geologia de superfície analisa as características das rochas na superfície e pode ajudar a prever seu comportamento em grandes profundidades. Já os métodos geofísicos, por meio de sofisticados instrumentos, fazem uma espécie de radiografia do subsolo, determinando várias das suas características físicas, como densidade, magnetização ou composição.

Os pesquisadores analisam um grande volume de informações gerado nas etapas iniciais da pesquisa, reunindo um razoável conhecimento sobre espessura, profundidade e comportamento das camadas de rochas existentes numa bacia sedimentar. Com base nesse conhecimento, são escolhidos os melhores locais para a realização das perfurações. Porém, mesmo com o rápido desenvolvimento tecnológico, ainda hoje não é possível determinar a presença de petróleo a partir da superfície. Os métodos científicos podem, no máximo, sugerir que certa área tem ou não possibilidades de conter petróleo, mas jamais garantir sua presença. Esta somente será confirmada pela perfuração dos poços exploratórios. Por isso, a pesquisa para a exploração de petróleo é tida como uma atividade de alto risco.

Uma vez descoberto o petróleo, normalmente são perfurados os *poços de extensão* (delimitação), para estimar as dimensões da jazida. A seguir, perfuram-se os *poços de desenvolvimento*, que colocarão o campo petrolífero em produção. No entanto, isso só ocorre quando é constatada a *viabilidade técnico-econômica da descoberta*, ou seja, se o volume de petróleo a ser recuperado justificar os altos investimentos necessários à instalação de uma infra-estrutura de produção.

A fase seguinte é denominada *completação*, quando o poço é preparado para produzir. Uma tubulação de aço, chamada coluna de revestimento, é introduzida no poço. Em torno dela, é colocada uma camada de cimento, para impedir a penetração de fluidos indesejáveis e o desmoronamento das paredes do poço. A operação seguinte é o *canhoneio*: um canhão especial desce pelo interior do revestimento e, acionado da superfície, provoca perfurações no aço e no cimento, abrindo furos nas zonas geológicas onde se encontram o óleo e/ou o gás natural, permitindo o escoamento desses fluidos para o interior do poço. Outra tubulação, de menor diâmetro (coluna de produção), é introduzida no poço, para levar os fluidos até a superfície. Instala-se na boca do poço um conjunto de válvulas conhecido como "árvore-de-natal", para controlar a produção.

Algumas vezes, o óleo vem à superfície espontaneamente, impelido pela pressão interna dos gases. Quando isso não ocorre, é preciso usar equipamentos para bombear os fluidos. O bombeio mecânico é feito por meio do "cavalo-de-pau", um equipamento montado na cabeça do poço e que aciona uma bomba colocada no seu interior. Com o passar do tempo, alguns estímulos externos são utilizados para extração do petróleo. Esses estímulos podem, por exemplo, ser injeção de gás ou de água, ou dos dois simultaneamente, e são denominados recuperação secundária. Dependendo do tipo de petróleo, da profundidade e do tipo de rocha-reservatório, podem-se ainda injetar gás carbônico, vapor, soda cáustica, polímeros e vários outros produtos, visando sempre aumentar a recuperação de petróleo.

À medida que vai sendo extraído, o petróleo segue então para os separadores, onde é retirado o gás natural. O óleo é tratado, separado da água salgada que geralmente contém e armazenado para posterior transporte às refinarias ou terminais. Já o gás natural é submetido a um processo no qual são retiradas partículas líquidas, que vão gerar o gás liquefeito de petróleo (GLP) ou gás de cozinha. Depois de processado, o gás é entregue para consumo industrial, inclusive na petroquímica. Parte desse gás é reinjetada nos poços, para estimular a produção de petróleo.

Refino

Nas refinarias, o petróleo é submetido a diversos processos pelos quais se obtém grande diversidade de derivados: gás liquefeito de petróleo (GLP) ou gás de cozinha, gasolina, naftas, óleo diesel, gasóleos, querosenes de aviação e de iluminação, óleo combustível, asfalto, lubrificantes, solventes, parafinas, coque de petróleo e resíduos. As parcelas dos derivados produzidos em determinada refinaria variam de acordo com o tipo de petróleo processado. Assim, petróleos mais leves dão maior quantidade de gasolina, GLP e naftas, que são produtos leves. Já os petróleos pesados resultam em maiores volumes de óleos combustíveis e asfaltos. No meio da cadeia estão os derivados médios, como o óleo diesel e o querosene.

Algumas propriedades físicas gerais são utilizadas para identificação dos petróleos, como *densidade relativa* e *viscosidade*. Na comercialização, o ponto predominante e muito explorado é aquele que se refere ao teor de elementos leves, ou seja, que produzem derivados mais rentáveis comercialmente. O American Petroleum Institute (API) resolveu classificar os petróleos de uma maneira que não deixasse dúvidas quanto ao teor de elementos leves, e para tal adotou o grau API. Quanto maior o grau API do óleo, menor é a sua densidade relativa, o que equivale a dizer que o óleo é mais "leve", portanto mais rico em substâncias voláteis (partes "leves"), ou seja, tem maior valor comercial.

De acordo com as características geológicas do local de onde é extraído, o petróleo bruto pode variar quanto à sua composição química e ao seu aspecto. Há aqueles que possuem alto teor de enxofre e podem apresentar, por exemplo, grandes concentrações de gás sulfídrico. Quanto ao aspecto, há petróleos "pesados" e viscosos, e outros "leves" e voláteis, segundo o número de átomos de carbono existentes em sua composição. Da mesma forma, o petróleo pode ter uma ampla gama de cores, desde o amarelo-claro, semelhante à gasolina, chegando ao verde, ao marrom e ao preto. Com tantas variedades, a tarefa inicial, no processo de refino, é conhecer exatamente o petróleo a ser processado, por meio de análises de laboratório. Existem, porém, refinarias já projetadas para refinar determinado tipo de petróleo. A Figura 2.2 mostra o esquema simplificado do processo de refino do petróleo.

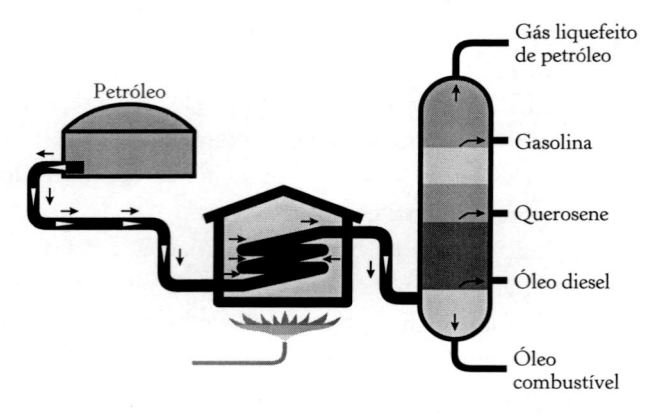

Figura 2.2 - Esquema simplificado do processo de refino do petróleo.

A primeira etapa do processo de refino é a *destilação atmosférica*, pela qual passa todo o óleo cru a ser beneficiado. Ela se realiza em torres de dimensões variadas, que possuem, ao longo da coluna principal, uma série de pratos perfurados em diferentes alturas, um para cada fração destilada que se deseja. O petróleo é preaquecido e introduzido na metade da torre de destilação. Como a parte de baixo da torre é mais quente, os hidrocarbonetos gasosos tendem a subir e se condensar ao passarem pelos pratos. Nessa etapa, são recolhidos, como derivados da primeira destilação, principalmente gás, gasolina, nafta e querosene. Essas frações, retiradas nas várias alturas da coluna, ainda necessitam de novos processamentos e tratamentos para se transformar em produto ou servir de carga para outros derivados mais nobres.

As frações mais pesadas do petróleo, que não foram separadas na primeira destilação, descem para o fundo da torre e vão constituir o resíduo ou a carga para uma *segunda destilação*, onde recebem mais calor, agora sob vácuo. O sistema é mais complexo, mas segue o mesmo processo dos pratos que recolhem as frações menos pesadas, praticamente o óleo diesel e o óleo combustível. Na parte de baixo, é recolhido novo resíduo, que será usado para produção de asfalto ou como óleo combustível pesado.

A terceira etapa do refino consiste no *craqueamento*, que pode ser térmico ou catalítico. O princípio desses processos é o mesmo e se baseia na quebra de moléculas longas e pesadas dos hidrocarbonetos, transformando-as em moléculas menores e mais leves. O craqueamento térmico exige pressões e temperaturas altíssimas para a quebra das moléculas, enquanto no catalítico o processo é realizado com a utilização de um produto chamado catalisador, substância que favorece a reação química, sem entrar como componente do produto. Uma série de outras unidades de processo transforma frações pesadas do petróleo em produtos mais leves e coloca as frações destiladas nas especificações adequadas para consumo.

Transporte

Petróleo, gás e derivados podem ser transportados por navios ou dutos. É um sistema integrado que faz a movimentação desses produtos dos campos de produção para as refinarias, quando se trata do petróleo produzido no Brasil, ou a transferência do petróleo importado descarregado nos terminais marítimos para as unidades de refino. Depois de processados nas refinarias, os derivados passam também pela rede de transporte em direção aos centros consumidores e aos terminais marítimos, onde são embarcados para distribuição em todo o país.

O gás natural é transferido dos campos de produção para as plantas de gasolina natural, onde, depois de processado para a retirada das frações pesadas, é enviado aos grandes consumidores industriais e à rede de distribuição domiciliar.

Os dutos (Figura 2.3) são classificados em oleodutos (transporte de líquidos) e gasodutos (transporte de gases) e em terrestres (construídos em terra) ou submarinos (construídos no fundo do mar). Os oleodutos que transportam derivados e álcool são também chamados de polidutos. Outras modalidades de transporte, como o rodoviário e o ferroviário, são ocasionalmente empregadas para a transferência de petróleo e derivados.

Os dutos representam a forma mais segura e econômica para transportar grandes volumes de petróleo, derivados e gás natural em grandes distâncias. Além disso, o sistema permite a retirada de circulação de centenas de caminhões, economizando combustível e reduzindo o tráfego de veículos pesados nas estradas.

Figura 2.3 – Detalhe da construção de um gasoduto.

A Petrobras, por exemplo, possui uma extensa rede de dutos que interligam campos petrolíferos, terminais marítimos e terrestres, bases de distribuição, fábricas e aeroportos. A malha de transporte é formada por cerca de 15.300 quilômetros de dutos, 53 terminais (dez marítimos, três fluviais, 29 terrestres e onze terminais em portos de terceiros) e um sistema de armazenamento com capacidade para 66 milhões de barris de produtos. O sistema de transporte se completa com a frota de 114 navios-tanques, dos quais 64 são próprios, representando uma capacidade total de transporte de sete milhões de toneladas de porte bruto.

Atividades 2.10

▶ **1** Pesquisar em revistas, livros ou na internet sobre a indústria do petróleo, dedicando especial atenção aos aspectos históricos.
Sugestão: visitar o *site* da Petrobras na internet http://www2.petrobras.com.br/internas/acompanhia/index.stm#, clicando em Sala de Aula.
▶ **2** Pesquisar a criação e participação da Organização dos Países Exportadores de Petróleo (Opep).

Produção de energia elétrica

A partir do crescente uso da energia para o atendimento do desenvolvimento socioeconômico das populações, impulsionado principalmente pelas modificações tecnológicas desde o fim do século XIX e ao longo do XX, a utilização da eletricidade constituiu-se como a possibilidade de fragmentação do uso energético.[9]

A energia elétrica é comumente classificada como fonte secundária,[10] cujos principais centros de transformação (para a adequação da linguagem com a literatura técnica, utilizar-se-ão os termos unidades geradoras, sistemas de geração ou geração, em substituição ao termo centro de transformação) são as usinas hidrelétricas e térmicas; numa menor escala participam os sistemas eólicos, solares e outros.

---

9 Os sistemas energéticos a partir da Revolução Industrial do século XVIII, principalmente nos meios de produção (fábricas), eram compostos de máquinas a vapor que acionavam longos eixos que passavam pelos setores produtivos. Em cada unidade de produção, o aproveitamento do movimento de rotação do eixo era feito através de conjuntos de polias e correias que transferiam a ação do eixo para as máquinas propriamente ditas. Dessa forma, a disposição das máquinas estava ligada ao "caminho" por onde passava o eixo e sujeita a um único acionamento, o da máquina a vapor. O uso da eletricidade possibilitou distribuir a energia de forma independente no atendimento das necessidades produtivas (fragmentação da energia), proporcionando conseqüentemente uma melhor localização dos equipamentos.

Essas vantagens proporcionadas pela energia elétrica favoreceram também os setores comercial e residencial, pelo desenvolvimento das indústrias de serviços e de bens de consumo durante o século XX, merecendo destaque a produção e o uso de eletrodomésticos.

10 As fontes secundárias de energia são aquelas resultantes dos diferentes centros de transformação que têm como destino os diversos setores de consumo e eventualmente outro centro de transformação. As principais fontes secundárias de energia são o óleo diesel, a gasolina, o gás de cozinha (gás liquefeito de petróleo – GLP), eletricidade e o álcool etílico (MME, 2000).

A seguir serão apresentados os dois principais sistemas de geração – hidráulico e térmico (combustíveis fósseis e nucleares) – juntamente com os sistemas de transmissão e distribuição de energia elétrica. Primeiramente, será exposto o funcionamento mecânico de cada tipo de usina; a parte elétrica, respeitando-se as características particulares de cada sistema, será considerada como comum às unidades geradoras.

Sistema hidráulico

O aproveitamento energético dos rios depende de vários fatores geográficos, físicos, técnicos e econômicos. Tais informações constituem as bases para o desenvolvimento de um documento, o *inventário*, no qual constarão os *critérios de viabilidade* para a implementação de investimentos, além dos *estudos de impacto ambiental*.

Dentre as informações contidas num inventário, as principais são localização geográfica, volumes de reservatório, áreas inundadas, diferença de cotas (altura), dados hidrológicos (tais como séries de vazões naturais e de evaporação) e simulações, a partir de modelos matemáticos, para a estimativa de tendências ao longo do tempo (cenários). Numa interpretação simplificada, o que se pretende fazer é aproveitar da melhor maneira possível a diferença de cotas num determinado local do rio, ou seja, a energia potencial (quantidade de água a uma determinada altura).

Atividade 2.11

▶ Pesquisar no *site* da Eletrobrás (http://www.eletrobras.gov.br), pelo Sistema de Informação do Potencial Hidrelétrico Brasileiro (Sipot), a localização de algumas usinas hidrelétricas no mapa do Brasil. Observar as diferenças de cotas.

O potencial hidráulico é proporcionado pela vazão hidráulica e pela concentração dos desníveis existentes ao longo do curso de um rio. Isso pode se dar de uma forma natural, quando o desnível está concentrado numa cachoeira, ou por meio de uma barragem, quando pequenos desníveis estão concentrados na altura da barragem, ou ainda pelo desvio do rio de seu leito natural, concentrando-se os pequenos desníveis nesses desvios.

Basicamente, uma *usina hidrelétrica* compõe-se das seguintes partes: barragem, sistemas de captação e adução de água, casa de força e sistema de restituição de água ao leito natural do rio. Cada parte se constitui em um conjunto de obras e instalações projetadas harmoniosamente para operar eficientemente em conjunto (ONS, 2001). As figuras 2.4 e 2.5 mostram o desenho em corte e a vista geral da usina hidrelétrica de Itaipu, respectivamente (Itaipu Binacional, 2001). O escoamento de água mostrado na Figura 2.4 refere-se ao vertedouro,[11] ao passo que as unidades geradoras se encontram na parte recuada da barragem.

A água captada do lago formado pela barragem é conduzida até a casa de força através de canais, túneis e/ou condutos metálicos. Após passar pela turbina hidráulica, na casa de força, a água é restituída ao leito natural do rio, por meio do canal de fuga. Dessa forma, a potência hidráulica é transformada em potência mecânica quando a água passa pela turbina, fazendo com que esta gire e acione o gerador elétrico (ONS, 2001).

Atividade 2.12

▶ **1** Pesquisar a diferença entre usina com reservatório de acumulação e usina a fio d'água.

▶ **2** Descrever os impactos ambientais associados à construção e à operação das hidrelétricas.

---

11 Pelo vertedouro é possível controlar o nível d'água na barragem.

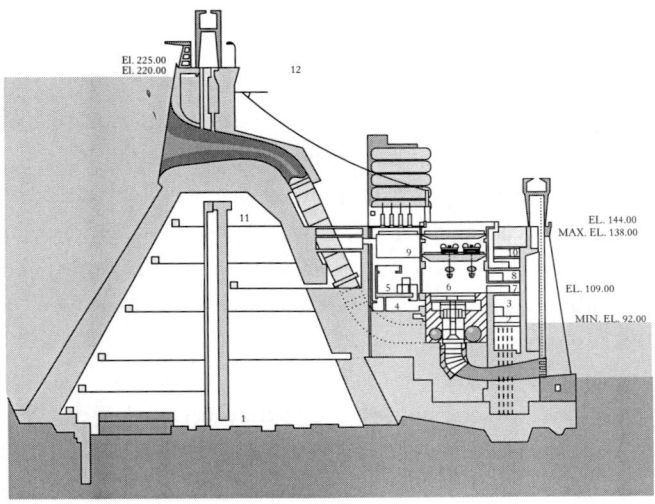

Fonte: Itaipu Binacional (2001).

1. Fundação da barragem
2. Acesso ao poço da turbina
3. Serviço auxiliar da unidade
4. Sistema de excitação
5. Transformadores elevadores
6. Geradores e salas de controle local

7. Sistema de ventilação
8. Galeria de cabos
9. Subestação
10. Serviço auxiliar AC
11. Serviço auxiliar da barragem
12. Central hidráulica das comportas

Figura 2.4 – Desenho em corte da barragem principal.

Fonte: Itaipu Binacional (2001).

Figura 2.5 – Vista geral da usina.

Sistema térmico

A exemplo do aproveitamento dos potenciais hidráulicos, uma *usina termelétrica* necessita de uma série de dados e avaliações que precedem a sua implantação.

Em termos operacionais, a usina termelétrica convencional tira proveito da energia química contida nos combustíveis através da sua queima (processo de combustão). Qualquer produto capaz de gerar calor, conforme a tecnologia, pode ser usado como combustível, desde o bagaço de diversas plantas e restos de madeira até os combustíveis fósseis, sendo esses os mais utilizados, dentre os quais se destacam o carvão mineral, o óleo combustível e o gás natural. As usinas termelétricas se baseiam especialmente nas tecnologias – ciclo a vapor, ciclo a gás e ciclo combinado.

Ciclo a vapor

O ciclo a vapor, numa forma simplificada, é composto por um gerador de vapor, turbina a vapor, condensador e bomba-d'água.

O gerador de vapor[12] (Figura 2.6) converte a energia química dos combustíveis, através da queima (combustão) destes, em energia térmica (calor), que é transferida para a água. A água, no interior do equipamento a uma determinada temperatura e pressão, muda do estado líquido para o de vapor, sendo este conduzido por tubulações.

---

12 Algumas literaturas tratam esse equipamento como caldeira. Todavia, em termos operacionais, as caldeiras são utilizadas na produção de água quente e vapor d'água saturado (com uma parte em estado líquido); os geradores de vapor são destinados à produção de vapor d'água superaquecido (sem a presença do estado líquido e com temperatura superior à de ebulição).

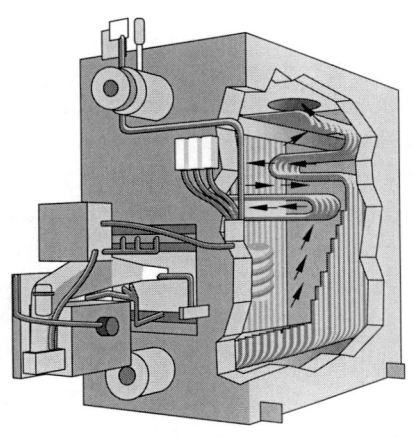

Figura 2.6 – Gerador de vapor apresentando um corte ilustrativo para a visualização do fluxo dos gases da combustão.

A energia térmica contida no vapor é transformada em energia cinética. Essa transformação ocorre quando os bocais injetores dirigem o vapor em alta velocidade sobre as palhetas móveis das rodas do rotor da turbina (Figura 2.7), fazendo-o girar.

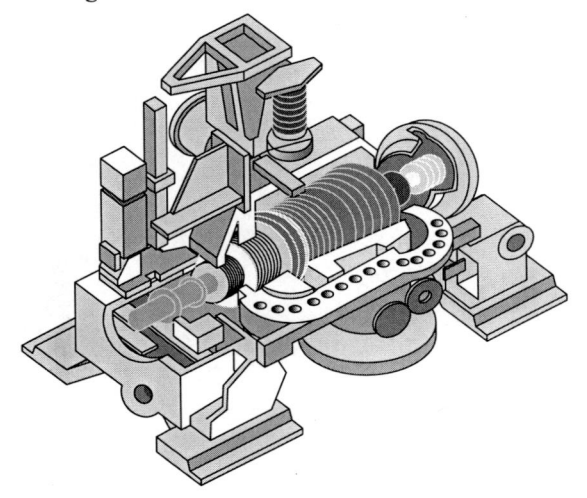

Figura 2.7 – Desenho em corte de uma turbina a vapor, no qual podem ser vistas as palhetas do rotor ao longo do eixo.

O vapor que sai da turbina,[13] considerando-se um equipamento de condensação, é enviado ao condensador, no qual o vapor transfere calor ao meio ambiente e volta ao estado líquido (água) para ser novamente enviado ao gerador de vapor através de uma bomba-d'água. A Figura 2.8 mostra o desenho esquemático de um ciclo a vapor e a Figura 2.9 ilustra a torre de resfriamento vinculada ao circuito fechado de resfriamento associado ao condensador.

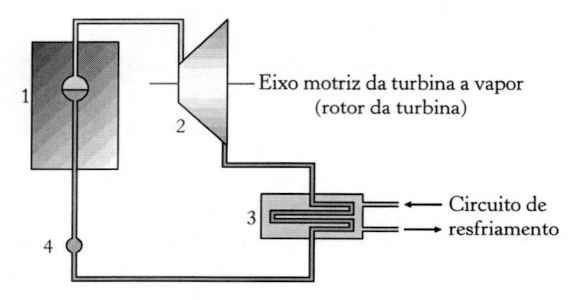

1. Gerador de vapor 3. Condensador
2. Turbina a vapor   4. Bomba-d'água

Figura 2.8 – Desenho esquemático de um ciclo a vapor.

Fonte: CGTEE (2001).

Figura 2.9 – Torre de resfriamento do condensador.

---

13 Na saída da turbina, o vapor encontra-se em estado saturado (vapor com presença de líquido).

Ciclo a gás

O equipamento que constitui o ciclo a gás é a própria turbina a gás, que pode ser aeroderivativa (uso aeronáutico) ou estacionária (usinas termelétricas). A sua estrutura básica consiste num compressor de ar acoplado numa turbina num mesmo eixo e uma câmara de combustão (Figura 2.10).

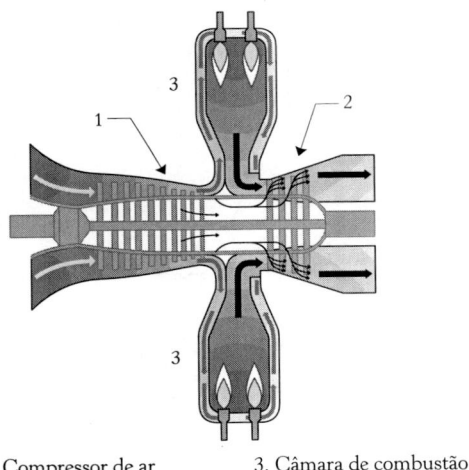

1. Compressor de ar 3. Câmara de combustão
2. Turbina   4. Eixo

Figura 2.10 – Turbina a gás.

O compressor envia o ar comprimido à câmara de combustão, onde também recebe o combustível, na forma gasosa (por exemplo, gás natural) ou nebulizada (por exemplo, óleo diesel). A energia cinética dos gases de combustão é convertida em energia mecânica de rotação na turbina, fazendo-se girar o eixo, que, por sua vez, transferirá a rotação para o gerador elétrico e para o próprio compressor.

Ciclo combinado

O ciclo combinado consiste na associação do ciclo a gás com o ciclo a vapor, no qual os dois sistemas estão acoplados por uma caldeira de recuperação (gerador de vapor) onde se aproveita a energia dos gases de escape da turbina a gás, cuja temperatura se encontra na faixa de 400°C a 600°C, para gerar vapor de água que alimenta a turbina a vapor. A Figura 2.11 mostra o desenho esquemático do ciclo combinado.

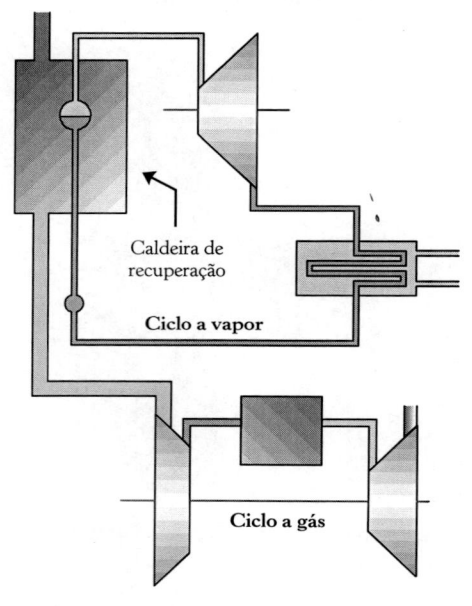

Figura 2.11 – Desenho esquemático de um ciclo a gás.

Sistema termonuclear *(Eletronuclear, 2001)*

O sistema termonuclear segue o mesmo princípio operacional de uma usina termelétrica convencional. A principal diferença é que, enquanto numa usina termelétrica convencional se realiza a queima de combustíveis para a produção de calor que transforma a água em vapor, numa termonuclear a obtenção de calor é feita a partir de um reator nuclear.

No interior de um reator nuclear, ocorre um conjunto de reações denominado *fissão nuclear*.[14] Em termos de funcionamento,[15] um reator é composto basicamente por combustível, elemento moderador e circuito primário de arrefecimento (Figura 2.12). As varetas (moderador) inserem-se entre as unidades combustíveis (material radioativo), controlando o bombardeamento de nêutrons (reação em cadeia) e conseqüentemente controlando a produção de calor. O calor decorrente do processo de fissão é transferido para o circuito primário de refrigeração, no qual a água chega a 320°C sob uma pressão de 15,7 MPa (estado líquido), que, por sua vez, gerará vapor d'água no circuito secundário, no qual se encontram a turbina a vapor, o condensador e a

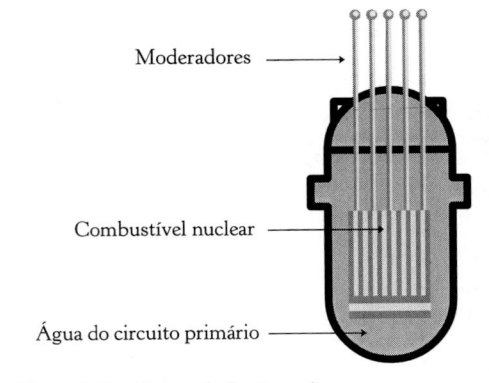

Moderadores

Combustível nuclear

Água do circuito primário

Figura 2.12 – Reator de fissão nuclear.

---

14 Ruptura de um núcleo atômico pelo bombardeio com nêutrons, acompanhada da liberação de grande quantidade de energia. Os combustíveis nucleares mais comuns são o urânio, o tório e o plutônio. A outra forma de obtenção de energia nuclear é pelo *processo de fusão* (a mesma que ocorre no Sol), todavia existe uma série de restrições técnicas e econômicas que impossibilitam, no presente momento, a sua exploração em escala comercial.

15 O sistema abordado é o PWR (Pressurized Water Reactor – reator de urânio enriquecido moderado e refrigerado com água leve pressurizada), que se encontra em operação no Brasil nas Usinas de Angra 1 e 2.

bomba-d'água. A Figura 2.13 mostra um desenho simplificado de uma usina nuclear.

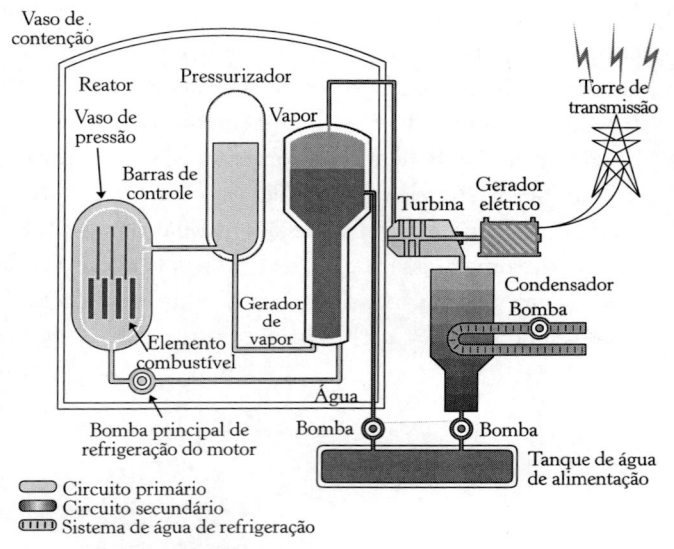

Fonte: Eletronuclear (2001).

Figura 2.13 – Desenho esquemático de uma usina nuclear tipo PWR.

Atividade 2.13

▶ Existem outras fontes energéticas que possibilitam a conversão da energia presente na natureza numa outra forma que seja de interesse ao uso humano, dentre elas podem-se citar a solar, geotérmica, eólica, biomassa e das marés. Descrever o princípio do aproveitamento dessas fontes energéticas e avaliá-las quanto às alterações prováveis no meio ambiente.

Sugestão: visitar o *site* na internet da Comissão de Energia da Califórnia (California Energy Commission), www. energy.ca.gov/education/renewableroad/index.html.

Sistema de geração elétrica

Tanto nos sistemas hidráulicos quanto nos térmicos, a rotação no eixo da turbina (trabalho de eixo) será o elo entre o sistema mecânico, apresentado nos itens precedentes, e o sistema elétrico. A conversão da energia mecânica em elétrica ocorre no gerador, como mostrado a título de ilustração na Figura 2.14.

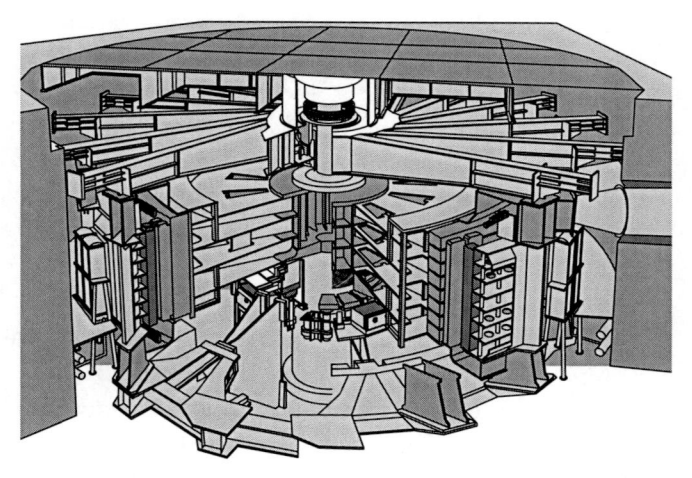

Fonte: Itaipu Binacional (2001).

Figura 2.14 – Desenho em corte de um dos geradores síncronos de 700 MW instalados na usina hidrelétrica de Itaipu.

Um gerador elétrico é composto basicamente por rotor (parte móvel), estator (parte fixa) e eixo. Em termos construtivos, tanto o rotor quanto o estator são constituídos de materiais apropriados para a formação de campos magnéticos[16] e de condutores devidamente distribuídos (bobinas).

---

16 Através da circulação de corrente elétrica num condutor (fio) enrolado em um material magnetizável (por exemplo, o ferro doce), é possível conseguir o mesmo comportamento de um ímã. Tal sistema é conhecido como eletroímã.

O eixo do gerador elétrico recebe o movimento de rotação do sistema mecânico (por exemplo, a turbina), fazendo girar o rotor; o rotor também é alimentado por uma fonte de corrente contínua.[17] A corrente elétrica que circula pelo rotor forma um campo magnético que o acompanhará durante o seu deslocamento, havendo, dessa forma, uma interação eletromagnética entre o rotor e o estator.

Os condutores elétricos do estator ficam distribuídos de tal forma a constituírem três bobinas, determinando, portanto, o chamado sistema trifásico.[18] A extremidade de cada bobina (terminal) será acoplada ao sistema elétrico. Como cada bobina do estator fica submetida por um determinado tempo ao campo magnético do rotor (campo), tem-se a presença de uma tensão (voltagem) de comportamento cíclico, que é denominada tensão em corrente alternada (CA em português, ou AC em inglês), cuja freqüência é medida em hertz (Hz). Para o sistema elétrico brasileiro, o valor da freqüência é de 60 Hz.

Os valores de tensão (voltagem) entre os terminais variam normalmente de 18 kV a 24 kV (Stevenson Junior, 1976), todavia é comum encontrar geradores com tensões em torno do 15 kV. Quanto à potência transferida, esta pode variar de alguns quilowatts (kW) até valores na ordem de megawatts (MW). Por exemplo, na usina hidrelétrica de Itaipu a potência nominal de cada gerador é de 700 MW, enquanto na usina hidrelétrica de Furnas é de 152 MW; a usina nuclear de Angra 2 dispõe de um gerador de 1.200 MW.

---

17 A corrente contínua (CC em português, ou DC em inglês) é obtida a partir de pilhas, baterias, circuitos retificadores ou de geradores elétricos de CC.

18 Em um sistema trifásico, a tensão (voltagem) está presente entre os três terminais, tomados dois a dois. Para maiores informações, consultar livros técnicos dessa área, como Edminister, J. *Circuitos elétricos*. São Paulo: McGraw Hill, 1985, Coleção Schaum, 1985, 421p.

Sistema de transmissão

O sistema de transmissão de energia elétrica é responsável pela transferência da eletricidade gerada nas usinas para os centros consumidores (cidades e indústrias). Como as distâncias envolvidas, de forma geral, são consideráveis (nem sempre as unidades geradoras estão próximas dos centros consumidores), o maior desafio é transportar a energia com o mínimo de perdas e máximo de confiabilidade.

Para o transporte da energia, visando-se à redução das perdas, um dos procedimentos é o aumento do valor da tensão em subestações elevadoras (Figura 2.15), nas quais os equipamentos denominados *transformadores* (Figura 2.16) elevam a tensão presente nos terminais do gerador

Fonte: Empresa Bandeirante Energia (Bandeirante, 2006).
Figura 2.15 – Vista geral de uma subestação.

Fonte: Empresa Bandeirante Energia (Bandeirante, 2006).

Figura 2.16 – Transformador de potência.

para valores que variam de 88 kV a 765 kV. No Brasil, são adotados como tensões de transmissão os valores superiores a 230 kV (rede básica).

O transporte da energia elétrica em alta tensão é feito por meio das torres de transmissão (Figura 2.17), as quais sustentam os condutores elétricos através das cadeias de isoladores que, por sua vez, estão fixados na estrutura da própria torre.

Ao longo de todo o sistema de transmissão, existem vários equipamentos (tais como reatores, capacitores, chaves de manobra, disjuntores, instrumentos de medição e controle) que contribuem para que se assegure a qualidade da eletricidade transmitida.

Quanto à confiabilidade, esta é possível pela integração (interligação) dos sistemas de transmissão. O Operador Nacional do Sistema Elétrico (ONS) é o órgão responsável em território brasileiro pela operação do Sistema Interliga-

Figura 2.17 – Torre de transmissão de energia elétrica em 500kV em corrente alternada.

do Nacional (SIN). A Figura 2.18 mostra as interligações entre os sistemas que compõem os complexos Paraná, Paranapanema, Grande, Paranaíba e Paulo Afonso. Pelo SIN, torna-se possível transferir energia elétrica de acordo com o custo operacional e atender às necessidades de manobra (por exemplo, manutenção de redes, contingências e desligamentos ocasionados por raios).

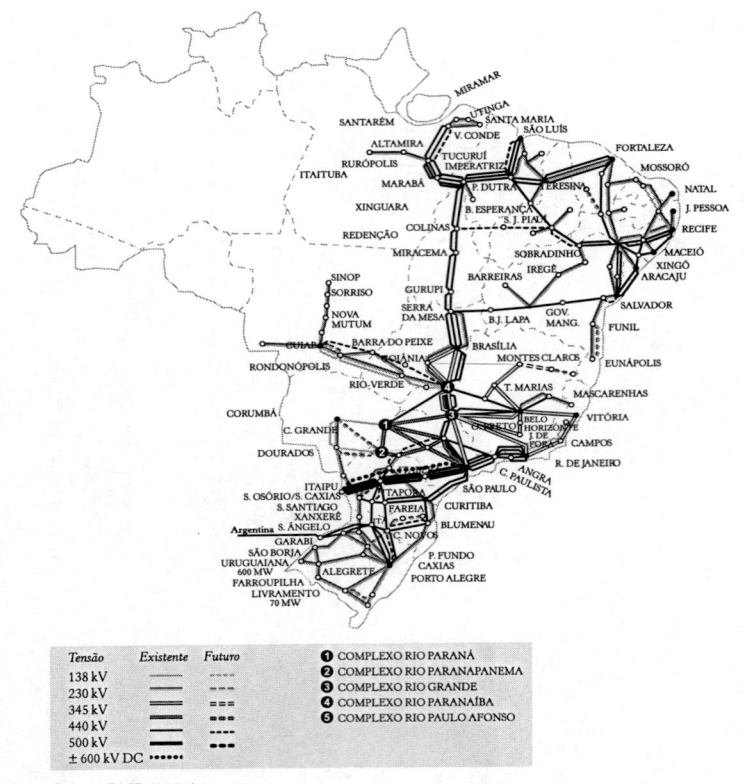

Fonte: ONS (2001).

Figura 2.18 – Mapa do Sistema Interligado Nacional (SIN).

Próximo aos centros de consumo, o valor da tensão é reduzido em subestações abaixadoras, entregando a energia elétrica ao sistema de distribuição em níveis de tensões adequados às características dos vários consumidores.

Atividade 2.14

▶ Utilizando as Leis de Ohm, justificar a elevação do valor da tensão, nas subestações elevadoras, nos sistemas de transmissão de energia elétrica.

Sistema de distribuição

O sistema de distribuição divide-se em primário e secundário. O sistema de distribuição primário compreende as tensões de valor inferior a 230 kV até 2,3 kV; dentre esses, podem-se citar o de 88 kV e o de 13,8 kV. Na distribuição primária, as adequações dos valores das tensões são realizadas pelos transformadores nas subestações de distribuição, as quais dispõem de sistemas de manobra e proteção (por exemplo, as chaves e disjuntores). Os circuitos elétricos que distribuem a energia pelas vias públicas partem dessas subestações.

A distribuição secundária é obtida a partir dos transformadores que ficam localizados nos postes das vias públicas. Os valores de tensão mais usuais são 380/220 V, 220/127 V, 230/215 V e 220/110 V, os quais dependem do tipo de transformador e sua respectiva configuração. A Figura 2.19 mostra o circuito primário de 13,8 kV (três condutores superiores) alimentando o transformador, estando esse último ligado ao circuito secundário de 220/127 V (na seqüência de cima para baixo, têm-se: o condutor neutro e os três condutores de fase). Na Figura 2.19, os fios que se encontram abaixo da distribuição secundária pertencem ao sistema telefônico.

Conforme o tipo de consumidor, de acordo com a tensão e a potência instalada, o fornecimento será feito do circuito de distribuição primária ou secundária.

Atividade 2.15

▸ Acompanhar, no local onde reside, o caminho percorrido pela energia elétrica através do sistema de distribuição até chegar ao poste de entrada de sua residência.

Figura 2.19 – Sistema de distribuição aérea de energia elétrica em área urbana.

3
O USO DA ENERGIA

Introdução

O uso da energia está integrado de tal forma nas sociedades que a percepção dela, em alguns momentos, somente se dá na sua ausência. A forma pela a qual a energia chega às pessoas atualmente é o resultado de anos de trabalhos e pesquisas, todavia os processos de transformação a ela vinculados não são isolados e interagem constantemente com o meio ambiente. Neste ponto, torna-se oportuno desenvolver a percepção do uso da energia como extensão do trabalho humano na realização das atividades cotidianas, e do fato que esse uso implica alterações locais e globais na natureza.

Onde está a energia?

Ao se refletir sobre as atividades humanas, durante as 24 horas do dia e mesmo quando se encontra dormindo, a energia sempre estará presente na vida de cada indivíduo. A energia e as transformações energéticas estão presentes no corpo humano, nas residências, nas cidades, no meio ambiente, enfim, no universo.

Na evolução das espécies, o homem destacou-se dos demais seres vivos por sua capacidade de transformar a energia presente na natureza em extensão de seu próprio corpo. Para exemplificar, basta lembrar que no passado, para fazer aquela receita de bolo tão apreciada, alguém tinha que dispor de uma boa tigela, uma colher de pau e muita disposição nos braços para misturar os ingredientes; nos dias de hoje, o objeto que permaneceu foi a tigela, pois a colher de pau e a destreza dos braços foram substituídas por uma batedeira elétrica.

Continuando com o exemplo do bolo, um exercício interessante consiste em acompanhar o caminho percorrido pela energia. No caso do bolo batido a mão, a energia que o indivíduo extrai da natureza vem dos alimentos, que, por sua vez, se relacionam com o ciclo do carbono, que existe graças à presença do Sol. No uso da batedeira, a energia mecânica de suas pás é obtida da energia elétrica, por intermédio de um motor elétrico; a energia elétrica vem pelo sistema de distribuição secundário e primário, passando pelo sistema de transmissão e cuja origem se encontra no estator do gerador elétrico. Se o centro de transformação for uma usina hidrelétrica, será utilizada a água armazenada na barragem (energia potencial gravitacional) para acionar o conjunto turbina/gerador elétrico, ocorrendo, portanto, a diminuição do nível da água. Caso seja uma termelétrica convencional, será necessário queimar uma quantidade de combustível (energia potencial química), seguido da emissão de gases, para a produção do vapor que irá acionar o conjunto turbina/gerador elétrico. Nas duas formas de obtenção da energia elétrica, está presente a energia solar, seja no ciclo do carbono (combustíveis fósseis utilizados nas termelétricas), seja nos ciclos da água e do ar (reposição da água nas barragens).

Assim, como no exemplo apresentado, a energia é indissociável das atividades humanas, estando presente nas casas, nos automóveis, nos bens de consumo (produtos fabricados), no saneamento básico, dentre outros lugares. A disponibilidade e o uso da energia dependem de vários fatores, dentre eles o tipo de fonte explorada, a quantidade, a forma de uso, a tecnologia disponível, as características geográficas, as condições comerciais, enfim, elementos que colocam a energia na categoria de mercadoria, cuja presença participa nas características do desenvolvimento socioeconômico das nações.

Uma vez identificado onde estão as fontes de energia, podem surgir algumas questões interessantes, tais como: Qual será a quantidade disponível? Por quanto tempo poderá ser usada? Quais são as modificações impostas à natureza?

Nesse contexto, o uso da energia não se restringe à forma que chega ao consumidor, ou seja, a gasolina vendida no posto de combustíveis ou a eletricidade disponível na tomada elétrica de uma residência, mas estende-se por uma cadeia de transformações, visando-se à sua adequação a cada finalidade, cuja compreensão colabora sensivelmente para o seu uso racional, favorecendo dessa maneira a criação das bases para um desenvolvimento sustentável.

Atividade 3.1

▶ Relatar quais são as principais fontes energéticas no cotidiano das pessoas e onde elas de encontram.

O uso da energia

As maneiras como as fontes de energia são transformadas e adequadas, para cada tipo de uso, proporcionam às pessoas uma série de facilidades e confortos. Entretanto, ao se levar em conta que as transformações energéticas nem sempre podem ser presenciadas,[1] os indivíduos acabam julgando mal a quantidade de energia realmente necessária para o atendimento satisfatório das suas necessidades. Não havendo a noção de quanta energia está sendo usada, existe a possibilidade da ocorrência de desperdícios, e a energia não aproveitada significará que a água utilizada na transformação na usina hidrelétrica ou o combustível queimado numa termelétrica, ou ainda a gasolina colocada no tanque do automóvel, foram jogados fora.

O que torna o desperdício algo indesejável, além de constituir uma despesa adicional para quem o pratica, é o fato de que todo o processo necessário para a transformação e o transporte da energia que foi usada será o mesmo para a energia desperdiçada. O próximo passo será imaginar se o valor adicional pago pelo desperdício multiplicado pelo número de pessoas que o praticam irá cobrir a perda da qualidade de vida.[2] Investir para atender aos desperdícios é solução? Quem e como irá pagar pelas modificações impostas ao meio ambiente em cada novo investimento? Essas e outras questões pedem a reflexão a respeito do uso da energia, destinada ao desenvolvimento social e econômico das populações, e do seu equilíbrio com a natureza.

O petróleo e seus derivados

O petróleo constitui um dos principais energéticos no mundo, sendo a indústria petrolífera precursora de dois outros setores produtivos, o petroquímico e o de transportes, destacando-se nesses a indústria automobilística.

---

1 Normalmente os centros de transformação, tais como refinarias e usinas hidrelétricas, ficam afastados das cidades.

2 O aumento de consumo de energia usualmente requer maiores investimentos na sua produção, e isso se reflete na ampliação das áreas inundadas (hidrelétricas), numa maior quantidade queimada de combustíveis, no aumento da emissão de poluentes, além das importações (endividamento externo).

Os veículos automotores representam um dos principais símbolos do século XX, capazes de determinar certas formas de desenvolvimento e de desencorajar outras,[3] influenciar na arquitetura das cidades, ditar modas e estilos de vida.

Os veículos automotores encontram-se presentes principalmente no transporte de cargas, de passageiros e de uso particular, mas em todos eles existe um elemento em comum, a participação das pessoas, ora como usuárias, ora como motoristas.

As opções pessoais irão ditar a quantidade de energia consumida, o que se reflete também no uso do petróleo e seus derivados. Um exemplo muito comum é o que acontece nos grandes centros urbanos (Mattos et al. 2006), onde os veículos particulares, na sua maioria, levando somente o motorista, disputam o espaço no difícil trânsito das ruas e avenidas com os ônibus, normalmente mal conservados e com lotação de passageiros superior à prevista.

Quanto ao transporte de cargas no Brasil, a escolha do meio rodoviário carrega consigo baixa eficiência no que diz respeito à quantidade de produtos transportados em relação ao combustível consumido, quando comparado com os meios ferroviário e fluvial.

Atividades 3.2

▶ **1** Pesquisar quantos litros de óleo diesel são necessários para percorrer 100 km, transportando uma mesma quantidade de soja, no transporte rodoviário e fluvial.

---

3 Até a década de 1950 o Brasil dispunha de uma malha ferroviária que de certa forma atendia às suas necessidades de transporte; entretanto, após a instalação das primeiras indústrias automobilísticas, o transporte rodoviário desenvolveu-se tão intensamente que o transporte ferroviário ficou relegado a um segundo plano.

▸ **2** Considerando-se um percurso de 50 km, comparar o consumo de petróleo por pessoa transportada num ônibus (diesel[4]) de 44 lugares e num automóvel (gasolina[5]) somente com o motorista.

Informações adicionais: O processamento do petróleo nas refinarias brasileiras segue as seguintes proporções[6] (Bartelli Júnior, 2001), em volume, a partir de um barril de petróleo (158,98 litros):

GLP	12%
Nafta	11,4%
Gasolina	18,3%
Querosene	4,4%
Diesel	33,8%
Óleo combustível	14,9%
Outros	5,2%

Ainda considerando-se os veículos automotores, é oportuno focalizar o motorista como o elemento de ligação entre o veículo e o uso do combustível. O motorista, quando particular, é o responsável pela escolha do tipo de veículo, normalmente adequando-a às suas necessidades e ao gosto pessoal. Quanto às empresas de transportes, de cargas ou de passageiros, a escolha de um veículo normalmente compete a determinados departamentos da organização, que, um última análise, são pessoas que realizam essa seleção.

Seja de uso particular ou profissional, o *veículo escolhido* proporcionará uma forma de uso da energia definida

---

4 O consumo médio de um ônibus de 44 lugares é de 2,7 km/l.

5 O consumo médio de um automóvel na cidade é de 10 km/l.

6 As proporções de produtos derivados de petróleo variam de país para país, conforme as necessidades e características do mercado consumidor.

pela tecnologia[7] deste, acarretando num maior ou menor consumo de combustível. A esse consumo, definido pelas características do veículo, soma-se o consumo ocasionado pela *forma de condução e manutenção* deste, que é de responsabilidade do motorista.

Atividade 3.3

▶ Ao ir para a escola, ou trabalho, observar como os veículos são dirigidos. Atentar para detalhes como barulho excessivo dos motores, excesso de velocidade seguido de frenagem brusca, presença de fumaça no escapamento e outros aspectos que considerar interessante. Relacionar as informações observadas com o tipo de veículo.

O petróleo está também presente em outros setores da sociedade, através do gás liquefeito de petróleo (GLP), ou simplesmente gás de cozinha, por sua principal aplicação como gás para cocção de alimentos, estimada em mais de 90% da demanda brasileira (Petrobras, 2001). O GLP é produzido nas refinarias e nas unidades de processamento de gás natural (UPGN).[8]

Igualmente como acontece com os combustíveis automotivos, a quantidade utilizada de GLP dependerá das características técnicas dos equipamentos (por exemplo, o fogão) e da forma de uso.

Qualquer que seja o derivado de petróleo e o setor da sociedade (residencial, comercial, industrial ou de serviços

---

7 São vários os fatores que definem a tecnologia de um veículo, dentre eles o tipo e potência do motor, perfil aerodinâmico e tamanho.

8 Para maiores informações sobre o GLP, visitar o *site* www. petrobras.com.br/conpet/Brframe.htm, da Petróleo Brasileiro S.A.

públicos), esses dois fatores, a tecnologia presente nos equipamentos e o procedimento de uso, ditarão a quantidade a ser consumida de combustível. Diante de tal afirmação, torna-se relevante conhecer as principais características dos equipamentos em uso, ou que se deseja adquirir, visando-se estabelecer algum critério de comparação, de tal forma a realizar uma compra que satisfaça os interesses do consumidor e/ou que proporcione uma utilização eficiente.

Atividades 3.4

▸ **1** Acompanhar o consumo de combustível de qualquer veículo que esteja ao seu alcance (por exemplo, contar com a ajuda de parentes ou amigos) por meio da tabela proposta a seguir. A tabela sugerida pode sofrer modificações caso haja alguma informação adicional.

Observações:

• o odômetro, ou marcador de quilometragem, é normalmente encontrado no velocímetro do veículo, sob a forma de indicador numérico;

• a coluna identificada como Diferença é obtida do valor da leitura do odômetro durante o abastecimento MENOS a leitura do abastecimento anterior;

• na ocasião do abastecimento de combustível, durante a avaliação, ENCHER O TANQUE;

• os valores apresentados servem como exemplo.

Controle de consumo de combustíveis					
Tipo de veículo ☒ automóvel □ caminhão □ ônibus	□ motocicleta □ outro____	Tipo de motor □ 1.0 □ 1.3 ☒ 1.6	□ 2.0 □ outro____	Consumo C dd __10__ médio E td __15__ (km/l)	
Data de abastecimento (dd/mm/aaaa)	Leitura do odômetro (km)	Diferença (km) ①	Volume (1) ②	Consumo (km/l) ① ÷ ②	
10/08/2001	55632		20		
20/08/2001	55832	200	182	11,0	
29/08/2001	56392	560	38,7	14,5	

Cdd: Cidade   Etd: Estrada
• na primeira linha da tabela não haverá cálculos, pois serão anotados os dados iniciais.

▸ **2** Acompanhar o consumo de GLP na residência, ou em outro lugar que utilize o gás. A tabela sugerida pode sofrer modificações caso haja alguma informação adicional.

Controle de consumo de GLP						
Tipo de equipamento	☒ fogão (4 bocas) ☐ fogão (6 bocas) ☐ fogão industrial	☐ forno industrial ☐ outro___		Tipo de botijão ☒ 13 kg ③ ☐ 45 kg ☐ outro___		
Data de compra (dd/mm/aaaa)	Número de dias ①	Quantidade de botijões ②	Massa de GLP (kg) ②×③=④	Consumo diário (kg/dia) ④÷①=⑤	Consumo médio mensal (kg/mês) ⑤×30	
06/07/2001		1	13			
30/08/2001	55	1	13	0,236	7,1	
10/08/2001	41	1	13	0,317	9,5	

* na primeira linha da tabela não haverá cálculos, pois serão anotados os dados iniciais.

A energia elétrica

Não menos importante que o setor petrolífero, o setor elétrico durante o seu desenvolvimento ao longo do século XX proporcionou o acesso à energia numa forma à qual a distribuição e o uso foram ao encontro das necessidades dos consumidores.

Dentro das unidades consumidoras, sejam elas residenciais, industriais, comerciais ou de serviço público, a eletricidade pode ser disponibilizada das mais variadas formas e locais. Como exemplo, pode ser citada uma típica instalação elétrica residencial, na qual os circuitos elétricos estão distribuídos entre os cômodos para o suprimento das tomadas elétricas e sistemas de iluminação.

Em razão dessa facilidade de fragmentação da energia, através da eletricidade, foi possível o desenvolvimento de uma série de equipamentos e acessórios, como as lâmpadas, motores elétricos e, numa forma mais abrangente, os eletrodomésticos. Foi também graças à energia elétrica que se deu o *surgimento da eletrônica*, que revolucionou a concepção de vários equipamentos, tais como os computadores, aparelhos de som e televisores.

Os equipamentos eletroeletrônicos constituem um dos principais símbolos dos chamados bens de consumo e são capazes de proporcionar uma série de confortos e facilidades no que diz respeito às atividades humanas. Entretanto, como já foi discutido anteriormente, no "exemplo do bolo", a eletricidade depende de estruturas complexas, que envolvem muitas pessoas e equipamentos, cujas presenças não podem ser observadas através das tomadas nos locais de consumo.

Estando a energia elétrica numa forma muito acessível e ao mesmo tempo abstrata, o consumidor mais desatento acaba não tendo a noção da quantidade de energia elétrica consumida, e, quando recebe a fatura (conta de energia elétrica), centra a sua atenção no valor em dinheiro a ser pago. Raramente o consumidor estabelece alguma relação entre a quantidade total de energia consumida num determinado período (informação normalmente disponível na fatura) e a participação de cada equipamento no consumo total.

Da mesma forma que ocorre com o petróleo e seus derivados, a tecnologia presente nos equipamentos e o procedimento de uso determinarão a quantidade de energia elétrica a ser consumida. Novamente, as opções pessoais determinarão o consumo da energia.

Numa forma mais precisa, o que determina o consumo de energia elétrica é a potência solicitada pelos equipamentos elétricos num determinado intervalo de tempo. Cada tipo de equipamento, como forno de microondas, televisão, geladeira, motor elétrico, entre outros, possui a sua identidade, ou seja, um conjunto de informações que o classifica quanto à potência (medida em watts), tensão (voltagem, medida em volts), corrente elétrica (medida em ampères) e outras informações que podem ser disponibilizadas conforme o critério de cada fabricante. Esse conjunto de informações está presente numa plaqueta metálica, etiqueta ou no próprio corpo do equipamento, e recebe o nome de "dados de placa", ou valores nominais. As figuras 3.1, 3.2 e 3.3 mostram alguns exemplos de dados de placa.

Figura 3.1 – Detalhe dos valores nominais de um chuveiro: 4.000 W/110 V.

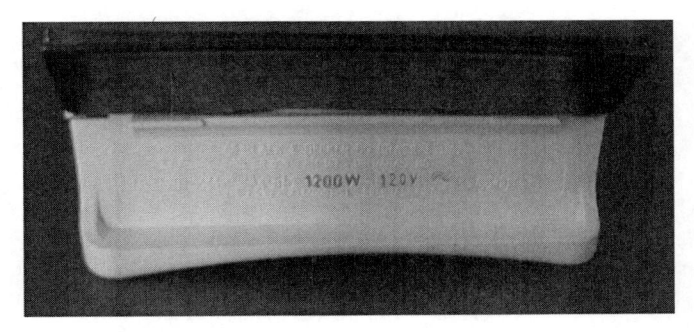

Figura 3.2 – Detalhe dos valores nominais de um ferro de passar roupas: 1.200 W/127 V.

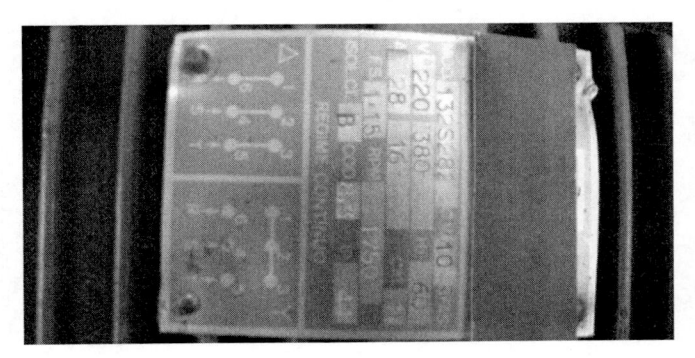

Figura 3.3 – Detalhe dos valores nominais de um motor elétrico[9] de 10 cv

---

9 1cv = 736 W.

O medidor de energia elétrica ("relógio de luz") é o equipamento que registra a quantidade de energia consumida. O valor consumido num determinado intervalo de tempo[10] é obtido da diferença entre a leitura atual e a anterior no medidor. Os dois tipos mais comuns de medidores de energia elétrica são o analógico (Figura 3.4) e o digital[11] (Figura 3.5).

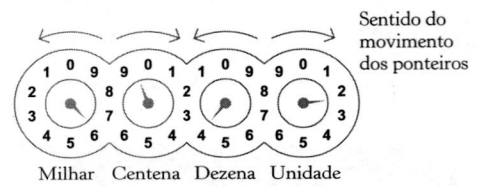

Figura 3.4 – Mostrador analógico do medidor de energia elétrica.

Figura 3.5 – Mostrador ciclométrico do medidor de energia elétrica.

A título de exemplo, as figuras 3.4 e 3.5 estão indicando o mesmo valor numérico 6932. No caso do medidor analógico, devem ser observados os sentidos dos ponteiros.

Atividades 3.5

▸ **1** Identificar os aparelhos elétricos dentro da casa e anotar todas as informações presentes nos dados de placa. Montar uma tabela identificando as colunas como: tipo de equipamento, potência, tensão, corren-

---

10 Para efeito de faturamento da energia, esse período é de aproximadamente trinta dias.
11 O medidor digital ainda pode ser do tipo eletrônico, com os valores apresentados em cristal líquido, ou eletromecânico.

te e freqüência. Transferir as informações anotadas para a tabela.

▶ 2 Acompanhar o consumo mensal de energia elétrica na residência, por meio da planilha em Excel. Os valores para o preenchimento da tabela estão disponíveis no medidor de energia elétrica ("relógio de luz"), normalmente localizado na entrada da residência.

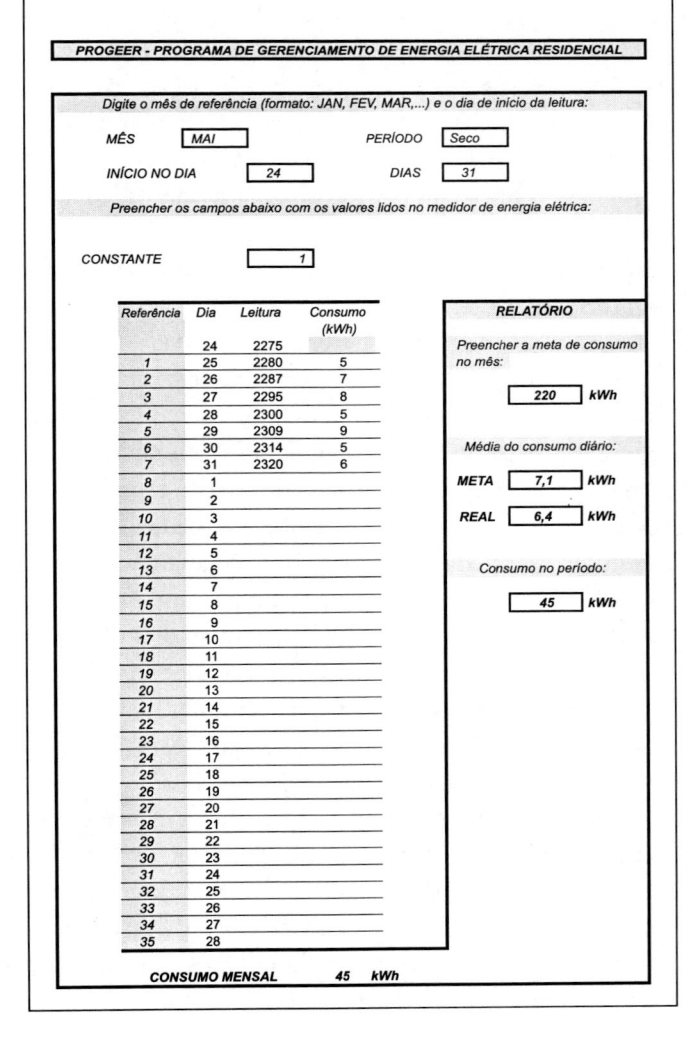

PROGEER - PROGRAMA DE GERENCIAMENTO DE ENERGIA ELÉTRICA RESIDENCIAL

Digite o mês de referência (formato: JAN, FEV, MAR,...) e o dia de início da leitura:

MÊS | MAI | PERÍODO | Seco

INÍCIO NO DIA | 24 | DIAS | 31

Preencher os campos abaixo com os valores lidos no medidor de energia elétrica:

CONSTANTE | 1

Referência	Dia	Leitura	Consumo (kWh)
	24	2275	
1	25	2280	5
2	26	2287	7
3	27	2295	8
4	28	2300	5
5	29	2309	9
6	30	2314	5
7	31	2320	6
8	1		
9	2		
10	3		
11	4		
12	5		
13	6		
14	7		
15	8		
16	9		
17	10		
18	11		
19	12		
20	13		
21	14		
22	15		
23	16		
24	17		
25	18		
26	19		
27	20		
28	21		
29	22		
30	23		
31	24		
32	25		
33	26		
34	27		
35	28		

RELATÓRIO

Preencher a meta de consumo no mês:

220 | kWh

Média do consumo diário:

META | 7,1 | kWh

REAL | 6,4 | kWh

Consumo no período:

45 | kWh

CONSUMO MENSAL 45 kWh

O meio ambiente

A utilização da energia nas atividades humanas desde a exploração dos recursos, passando pelos processos de transformação e pelas várias formas de uso até o descarte das parcelas energéticas não aproveitáveis sempre implicará uma interferência no meio ambiente.

Em virtude do tipo de modelo de desenvolvimento socioeconômico, principalmente o adotado pelos Estados Unidos e pela Europa, no qual a participação dos bens de consumo e dos meios de transportes solicita grandes quantidades de energia, o meio ambiente tem assumido condições de equilíbrio que nem sempre são as mais adequadas à vida na Terra. A intensificação do uso energético a partir do século XX acarretou modificações nas condições ambientais do planeta, dentre elas as ocasionadas pela poluição.

Durante a década de 1970, a maioria das análises ambientais e dos instrumentos de controle estava direcionada para os poluentes convencionais, tais como dióxido de enxofre (SO_2), óxidos de nitrogênio (NO_x), monóxido de carbono (CO) e materiais particulados (MP). Atualmente, a preocupação ambiental tem também se ocupado tanto do monitoramento de substâncias que são altamente tóxicas, mesmo estando presentes em pequenas quantidades, quanto das que são de impacto global, como o dióxido de carbono (CO_2) no aquecimento terrestre (Dincer, 1999).

O setor de transportes é responsável por mais da metade do consumo mundial de petróleo e por 25% das emissões de CO_2 no mundo (Dargay & Gately, 1997). O trânsito constantemente congestionado nos centros urbanos (Figura 3.6) responde por uma parcela significativa da emissão de poluentes, além de representar um elevado consumo de combustíveis. No Brasil, a partir de 1986, a responsabilidade pelo estabelecimento dos limites máximos de emissão de poluentes, por parte dos veículos automotores, é do

Conselho Nacional de Meio Ambiente (Conama), por meio do Programa de Controle da Poluição do Ar por Veículos Automotores (Proconve[12]).

Figura 3.6 – Participação dos veículos automotores na emissão de poluentes.

O monitoramento da qualidade do ar realizado pela Companhia de Tecnologia de Saneamento Ambiental (Cetesb) demonstra que os índices de poluição na cidade de São Paulo têm sido reduzidos pelo uso de catalisadores e outras melhorias tecnológicas veiculares. No entanto, a falta de manutenção constante e adequada dos veículos pode levá-los a emitir até dez vezes mais poluentes que o previsto para veículos novos. Estima-se que os veículos lancem na atmosfera 70% de toda a poluição do ar de São Paulo (Campanili, 2001).

---

12 O Proconve tem como objetivo a redução dos níveis de emissão de poluentes nos veículos automotores, além de incentivar o desenvolvimento tecnológico nacional, tanto na engenharia automotiva quanto em métodos e equipamentos para a realização de ensaios e medições de poluentes (Ibama, 2001). Para maiores informações, visitar o *site* na internet do Ministério do Meio Ambiente: http://www2.ibama.gov.br/proconve/.

Atividade 3.6

▶ Pesquisar sobre a formação da chuva ácida e o fenômeno do efeito estufa. Propor aos participantes da atividade a realização de um debate sobre as conseqüências dos poluentes no equilíbrio do ecossistema terrestre.

A energia elétrica, pelo fato de chegar aos locais de consumo numa forma limpa, acaba transferindo ao consumidor mais desatento a falsa idéia de que ela não interfere no meio ambiente.

Nas termelétricas convencionais (Figura 3.7), ocorrem as emissões dos gases (formados no processo de combustão), cuja composição química dependerá do combustível utilizado; todavia o CO_2 sempre estará presente. Outra interferência diz respeito à necessidade de água para o resfriamento dos condensadores em determinadas usinas, acarretando, por exemplo, as alterações nas vazões de rios (sistema evaporativo) ou elevando a temperatura destes através do retorno da água retirada deles (sistema de troca direta).

Fonte: CGTEE.

Figura 3.7 – Termelétrica convencional queimando combustível.

Em termos globais, a Figura 3.8 mostra que as emissões de CO_2, decorrentes da queima de combustíveis fósseis, aparecem como as principais responsáveis pelo efeito estufa, seguidas das de clorofluorcarbono (CFC), metano (CH_4) e óxido de nitrogênio (N_2O).

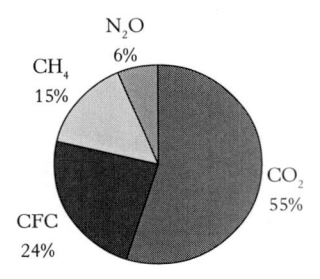

Fonte: Goldemberg (1998).

Figura 3.8 – Contribuição dos gases do efeito estufa para o aquecimento global.

Quanto às hidrelétricas, as modificações ambientais estão relacionadas à formação das represas (Figura 3.9) e suas conseqüências, dentre elas o deslocamento da fauna, os desmatamentos e as mudanças climáticas localizadas.

Fonte: Itaipu Binacional.

Figura 3.9 – Detalhe do represamento da água pela barragem.

O inter-relacionamento entre o uso da energia, o desenvolvimento socioeconômico das populações e o meio ambiente constitui um dos grandes desafios da humanidade e certamente irá exigir cada vez mais das pessoas uma participação consciente em relação ao delicado equilíbrio que envolve esses três elementos. De maneira mais abrangente, as modificações ambientais, ocasionadas pelas atividades humanas, estão relacionadas com as alterações dos ciclos naturais da Terra.

4
O USO RACIONAL DA ENERGIA

Introdução

O uso racional da energia representa uma das maneiras de promover o equilíbrio entre o desenvolvimento socioeconômico das populações e o meio ambiente. Utilizar a energia de forma consciente depende da participação da sociedade e, para que isso aconteça efetivamente, cada pessoa necessita entender de maneira suficiente o funcionamento dos equipamentos consumidores de energia que estão presentes no seu cotidiano.

Por que racionalizar o uso da energia?

Primeiramente, é necessário fazer a distinção entre duas palavras: racionalizar e racionar. Quando há o *racionamento* (racionar) de um produto, verificam-se limitações quanto à quantidade a ser consumida, normalmente em decorrência do aumento de consumo em relação à oferta, ou por diminuição da oferta ante o consumo; em suma, a quantidade ofertada de um produto torna-se menor que a consumida. Nessa situação, fica imposta à sociedade a redução do uso do produto sob racionamento, seguido, de forma geral, do aumento de seu preço no mercado.

A *racionalização* (racionalizar) significa que tanto do lado da oferta quanto do consumo existe a consciência das limitações em relação à disponibilidade de um determinado produto e, portanto, a presença deste dependerá da forma como será usado. Utilizar racionalmente um produto, ou seja, sem desperdiçá-lo, representa a possibilidade da permanência dele no mercado por um tempo maior, sem que haja privações à sociedade, dando lugar ao consumo do necessário para a manutenção da qualidade de vida. Em última análise, racionalizar representa uma das formas de preservar o meio ambiente, como será visto no desenvolver do texto.

Com a energia não é diferente, pois ela é caracterizada como um produto e, portanto, sujeita à lei da oferta e procura. Nesse ponto, surgem algumas questões que merecem reflexão, tais como:

- Por quanto tempo as jazidas de petróleo continuarão produzindo?
- Quanto de água ainda é disponível para a construção de hidrelétricas?
- Aproximadamente 75% da população mundial tem consumo de energia abaixo da média consumida pelos países desenvolvidos. O atual modelo de consumo de energia está em condições de atender a essa significativa quantidade de pessoas?
- Estando a quantidade de energia utilizada relacionada com a intensidade com que o meio ambiente é alterado, qual será o futuro da humanidade?

As respostas para essas e outras questões encontram-se no comportamento das pessoas, pois utilizar bem a energia é de responsabilidade de todos. O que está em jogo não é somente a quantidade de energia consumida, mas também a qualidade de vida de cada cidadão.

Atividade 4.1

▶ Procurar em revistas, jornais ou outros meios de comunicação exemplos de racionamento e racionalização no uso da energia.

O uso racional da energia

Usar a energia de forma eficiente vai além da redução no valor da conta de energia elétrica ou da quantia paga pela gasolina no fim do mês. O uso racional da energia significa a mudança de atitudes e valores dos indivíduos, criando condições para o surgimento de um comportamento duradouro e o desenvolvimento de uma visão crítica quanto aos problemas energéticos e suas conseqüências.

Muitas vezes, as pessoas justificam a não-adesão aos procedimentos referentes ao uso eficiente da energia por acreditarem que a sua colaboração é muito pequena perante o total consumido; todavia, esquecem-se de que, se várias pessoas usarem de maneira adequada a energia, os resultados podem se tornar significativos em termos de economia de recursos. Essa constitui a base da expressão: *Agir localmente para a obtenção de resultados globais.*

Uma vez compreendido o que é a energia, como ela é transformada para o seu uso e quais são os locais onde está presente, considerando-se as suas diferentes formas, existe uma seqüência de etapas que permitirão a busca do seu melhor uso. A realização da maioria de tais etapas envolve procedimentos simples, estando, portanto, ao alcance de qualquer pessoa; somente em situações mais complexas ou que envolvam algum tipo de perigo torna-se necessária a presença de um profissional qualificado para o desempenho das atividades.

Atividade 4.2

▶ Pesquisar em livros, manuais, apostilas e/ou internet os procedimentos de segurança no manuseio dos derivados de petróleo e dos equipamentos e instalações elétricas. A seguir são sugeridos alguns *links* para consulta:

http://www.bandeirante.com.br/aci.htm.

http://www.eletropaulo.com.br/Sub_Topico.cfm? Topico_ID=36.

http://www.petrobras.com.br/conpet/Brframe.htm

http://www.ultragaz.com.br/.

Tipos de equipamento

Na avaliação do consumo energético, o tipo de equipamento definirá quais informações serão necessárias, tendo-se em vista à qual tecnologia ele pertence. Uma das primeiras providências a serem tomadas consiste na leitura do manual de operação, ou de uso, do equipamento. Caso a compreensão da leitura do manual fique comprometida por algum motivo, é aconselhável consultar o fabricante[1] ou um profissional experiente na área.

Para um mesmo tipo de equipamento existem vários fabricantes e modelos; a título de exemplo, basta entrar numa loja e visitar o setor de geladeiras. Diante da diversidade de produtos que utilizam energia para o seu funcionamento, o melhor caminho a ser tomado é pesquisar de forma satisfatória (isso varia de uma pessoa para outra) como eles funcionam e como devem ser utilizados.

Essa busca pelo entendimento das informações referentes a um determinado tipo de equipamento é útil tanto na ocasião da sua compra quanto durante o seu uso. O aten-

---

1 Existe um número razoável de empresas que dispõem dos chamados serviços de atendimento ao consumidor. É importante tirar o máximo proveito desses canais de acesso no esclarecimento de dúvidas.

dimento das necessidades de quem utiliza o equipamento deve ser satisfatório, sem, no entanto, desperdiçar energia.

Atividades 4.3

▶ **1** Fazer a identificação (utilizar uma tabela) de todos os equipamentos existentes numa residência (não se esqueça do automóvel) e se esses ainda possuem os seus manuais de uso. Caso não encontre os manuais, estabeleça uma forma alternativa de conseguir as informações (endereços na internet, serviço telefônico 0800 etc.).

▶ **2** Assumir que seja necessário comprar uma geladeira nova; para tanto, é preciso dimensionar o tamanho ideal (volume em litros) do eletrodoméstico para o uso que se pretende fazer. Definido o tamanho da geladeira, pesquisar nos locais de venda ou por meio de informativos publicitários na internet, nos panfletos e jornais; relacionar as marcas e os modelos dos equipamentos de interesse, juntamente com os aspectos estéticos (bonito, feio, moderno etc.), o preço, tensão de funcionamento (voltagem) e o consumo de energia através da etiqueta Inmetro/Procel[2] (a figura a seguir é um modelo de etiqueta que identifica o consumo e/ou eficiência energética). Dispor as informações numa tabela.

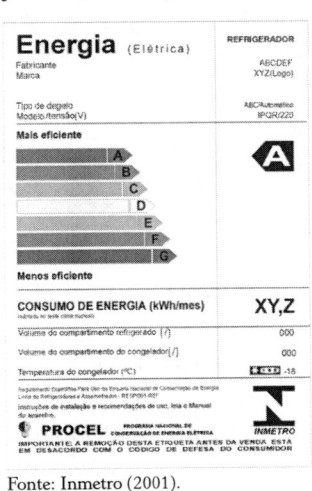

Fonte: Inmetro (2001).

---

2 Para maiores informações sobre o do Programa Nacional de Conservação de Energia Elétrica (Procel), visitar o *site* da internet: http://www.eletrobras.gov.br/procel/.

Assim como acontece com alguns equipamentos elétricos no Brasil, cuja eficiência energética é avaliada e tornada pública pelo programa de etiquetagem do Inmetro,[3] outros equipamentos que utilizam a energia deverão estar sujeitos a esse programa, a exemplo do que vem acontecendo com os fogões e aquecedores a gás (Figura 4.1), realizado com o apoio do Programa Nacional da Racionalização do Uso dos Derivados de Petróleo e do Gás Natural (Conpet), da Petrobras.

Fonte: Inmetro.

Figura 4.1 – Modelo da etiqueta de informação do consumo para fogões a gás.

Em relação aos veículos automotores, é válida a mesma análise que foi feita para os equipamentos até agora apresentados, ou seja, dimensionar as necessidades e pesquisar qual a melhor opção. A leitura de revistas especializadas permite o conhecimento das marcas e dos modelos disponíveis no mercado, juntamente com alguns comentários e fi-

---

3 O *site* http://www.inmetro.gov.br/consumidor/prodEtiquetados.asp#etiqueta, do Instituto Nacional de Metrologia, Normalização e Qualidade Industrial (Inmetro), dispõe de várias informações sobre o Programa Brasileiro de Etiquetagem.

chas técnicas. Quanto aos veículos já adquiridos, é reco-
mendável a leitura do manual do proprietário, pois nesse
tipo de publicação estão as informações referentes ao uso e à
manutenção do automóvel dentro das suas especificações
técnicas. Mesmo diante das várias informações obtidas por
meio de textos especializados, se for possível conversar com
um profissional da área, ou uma pessoa que possua um produto igual ao que se pretende comprar, é uma oportunidade
de receber alguns dados que possam ser interessantes.[4]

Qualquer que seja o equipamento adquirido, ou em uso,
a máxima eficiência do mesmo torna-se possível mediante
a aquisição de informação com qualidade e, se possível,
com o aval de alguma instituição que tenha credibilidade.

Usar a energia de forma consciente

Conhecer o equipamento que está sendo utilizado, ou
seja, a forma pela qual ele transforma a energia para atender a uma determinada finalidade, representa um importante estágio para o uso racional da energia.

Por exemplo, quanto ao uso do ferro de passar roupas,
recomenda-se passar a maior quantidade possível de roupas, evitando-se dessa forma ligá-lo várias vezes na semana. Por que tal procedimento economiza energia? A respos-
ta está na forma de funcionamento desse eletrodoméstico.
A Figura 4.2 mostra uma representação esquemática do
ferro de passar roupas.

No ferro de passar roupas, a eletricidade chega pelo cabo
de alimentação (formado por dois condutores elétricos), e
um dos condutores elétricos alimenta diretamente a resistência elétrica (responsável pelo aquecimento). O outro

---

4 Nesse aspecto, deve-se tomar cuidado com as informações tenden-
ciosas, baseadas em conceitos desprovidos de fundamentação teó-
rica e técnica. É preferível observar as experiências e os fatos ocorridos durante o uso do veículo.

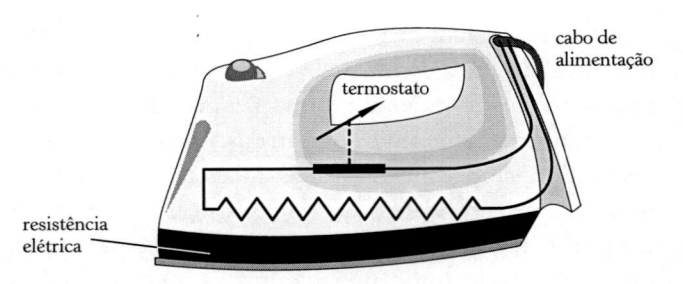

Figura 4.2 – Representação esquemática do ferro de passar roupas.

condutor alimenta a outra extremidade da resistência por meio do termostato.

O termostato do ferro de passar roupas é constituído por um par de contatos elétricos, cujo acionamento depende da temperatura da base do equipamento e do ajuste escolhido para cada tipo de roupa. Quando se seleciona um tipo de tecido no seletor de ajuste, determina-se qual será a temperatura para melhor passá-lo, e o termostato dará continuidade ao circuito, permitindo que a resistência se aqueça. Ao atingir a temperatura selecionada, o termostato desliga a resistência, e a base do ferro começa a esfriar. Numa temperatura um pouco abaixo da escolhida, o termostato volta a ligar a resistência, fazendo com que a temperatura suba novamente, e assim sucessivamente. Então, ao escolher um tecido no seletor de ajuste, determina-se uma faixa de temperatura em que o eletrodoméstico irá operar.

Em termos de consumo de energia, o ferro de passar roupas irá usar mais energia elétrica quando for ligado, fazendo com que a sua temperatura saia da condição ambiente e chegue até a temperatura desejada, pois a resistência estará ligada de forma contínua. No instante em que a temperatura atingir o valor desejado (conforme o tipo de tecido), a resistência será ora ligada, ora desligada, a fim de manter uma temperatura média da base e, portanto, consumindo menos energia nesse estágio. Por isso, ao ligar o ferro de passar roupas, deve-se utilizá-lo o máximo possível (condição de menor consumo) e evitar ligá-lo para em seguida desligá-lo várias vezes no dia ou na semana (condição de maior consumo).

Atividade 4.4

▶ Identificar outros eletrodomésticos cujo consumo de energia não é contínuo durante o seu funcionamento e discutir qual a melhor forma de sua utilização. Para essa atividade, buscar auxílio nas dicas de economia de energia elétrica das empresas concessionárias de energia elétrica.

Ainda considerando os equipamentos elétricos, existem os que consomem energia elétrica de forma contínua durante o seu funcionamento, dentre eles a lâmpada e o chuveiro elétrico.

Há no mercado vários tipos de lâmpadas, cuja aplicação dependerá das características do local e da atividade a ser realizada neste. Entretanto, o tipo que possui ampla utilização, principalmente nas residências, são as *lâmpadas incandescentes* (Figura 4.3), em razão de seu baixo preço quando comparado com outros tipos, como as *lâmpadas fluorescentes* compactas (Figura 4.4) e as *lâmpadas tubulares* (Figura 4.5). A lâmpada incandescente tem uma tecnologia diferente das fluorescentes, havendo, portanto, diferenças entre a quantidade de energia elétrica necessária para uma mesma quantidade de luz emitida e o tempo de vida do produto. A título de exemplo, uma lâmpada compacta consome aproximadamente 20% do valor consumido por uma incandescente (para uma mesma quantidade de luz emitida) e dura por volta de seis a oito vezes mais que esta (a lâmpada incandescente dura em média 1.000 horas).

Figura 4.3 – Lâmpada incandescente.

Figura 4.4 – Lâmpada fluorescente compacta.

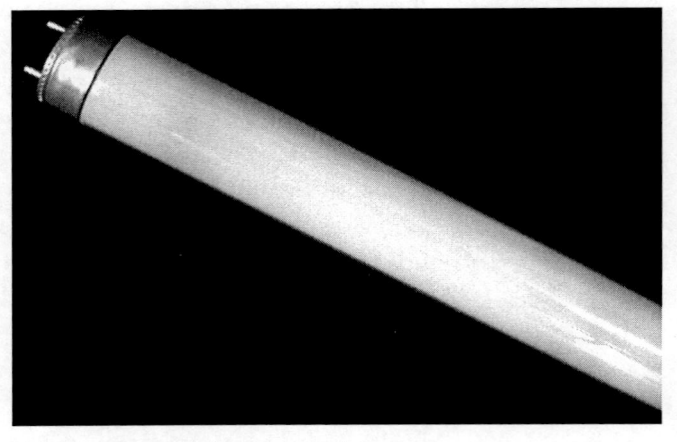

Figura 4.5 – Lâmpada fluorescente tubular.

Atividade 4.5

▸ A forma de uso e a substituição de lâmpadas normalmente são tidas como as primeiras iniciativas para economizar energia elétrica. Entretanto, existem outros fatores que devem ser considerados para garantir a qualidade da iluminação de um determinado local (que proporcione também conforto aos usuários), não se limitando somente a aspectos energéticos. Dentre tais fatores, podem-se destacar o *índice de reprodução de cores* (IRC), a *temperatura de cor* (que varia desde o tom azulado até o amarelado) e o *tipo de luminária*. Pesquisar nos *sites* a seguir os aspectos qualitativos dos sistemas de iluminação (os fabricantes normalmente dispõem de manuais e catálogos sobre o assunto).

http://www.osram.com.br

http://www.lighting.philips.com/brasil/homelighting/hl_conc_bas.htm

http://www.sylvania.com.br/sylvania.htm

http://www.ambiente.sp.gov.br/residuos/ressolid_domic/docs/p12.doc

O chuveiro elétrico, em termos tecnológicos, praticamente é o mesmo dentre os vários modelos fabricados no Brasil, ou seja, constituído basicamente de uma chave seletora com três ou quatro[5] posições para a seleção do valor da resistência que irá aquecer a água. A água, ao passar pelo interior do chuveiro, empurra uma superfície móvel e faz

---

5 Nos chuveiros com seletor de três posições, as opções podem ser: desligado, verão e inverno. Nos de quatro posições tem-se: desligado, morno, quente e superquente. Tanto para a posição inverno quanto superquente, a potência elétrica varia de 5.400 a 6.000 W.

com que um conjunto de contatos elétricos (que alimentam a resistência) se movimente de modo a encontrar os contatos elétricos que estão fixos internamente (alimentados pela instalação elétrica), ligando dessa maneira o equipamento.

Atividade 4.6

▸ Desmontar um chuveiro elétrico (procurar por equipamentos que não funcionem mais), visando-se à compreensão de seu funcionamento. Prestar atenção no "caminho" percorrido pela água e pela corrente elétrica.

Durante o funcionamento de um eletrodoméstico, seja ele de consumo cíclico, seja ele de consumo contínuo, o consumo de energia elétrica será o produto da potência (watts) pelo tempo de operação efetiva[6] (horas). Para efeito de *faturamento* (conta de energia), no Brasil adota-se um intervalo médio de trinta dias. Dessa forma, o consumo mensal de energia para cada equipamento é calculado pela equação abaixo, devendo-se observar que o número de horas e de dias é variável. O consumo total é obtido pela soma de todos os consumos dos equipamentos elétricos; todavia, em termos práticos, essa tarefa é realizada pelo medidor de energia elétrica.

$$E = P \cdot t \cdot d$$

sendo:

P – potência [W]

t – tempo efetivo de operação [h/dia]

d – número de dias para o faturamento [dia]

---

6 A geladeira, por exemplo, opera ciclicamente, sob o controle de um termostato, visando à manutenção da temperatura no seu interior. Esse tipo de eletrodoméstico fica ligado durante um intervalo médio de 10 horas, distribuído em 24 horas. Então, uma geladeira de 300 W terá um consumo médio em um mês (30 dias) de 90.000 Wh, ou, numa forma mais usual, 90 kWh.

Atividade 4.7

▸ Estimar o consumo mensal de energia elétrica por meio do Programa de Acompanhamento do Consumo de Energia Elétrica (Pacee), desenvolvido em Excel (para abrir a planilha, clicar duas vezes sobre a tabela abaixo).

Programa de Acompanhamento do Consumo de Energia Elétrica - PACEE					
Identificação	Equipamento	potência (W)	tempo (h)	dias (dias)	consumo (kWh)
1	Geladeira	300,0	10,0	30,0	90,0
2	Lâmpada da cozinha	60,0	5,0	30,0	9,0
3	Lâmpada da sala de jantar	60,0	2,0	30,0	3,6
4	Lâmpada da sala de estar	60,0	6,0	22,0	7,9
5	Televisor	200,0	4,0	22,0	17,6
6	Aparelho de som	150,0	10,0	6,0	9,0
7	Chuveiro	4000,0	0,3	30,0	36,0
8					
9					
10					
11					
12					
13					
14					
15					
16					
17					
18					
19					
20					
21					
22					
23					
24					
25					
26					
27					
28					
PREVISÃO DO CONSUMO MENSAL (kWh)					**173,1**

Nos *sites* na internet das concessionárias de energia elétrica, também estão disponíveis vários aplicativos destinados à avaliação do consumo da energia elétrica. A Secretaria de Energia do Estado de São Paulo dispõe de alguns *links* interessantes para pesquisa.

http://www.energia.sp.gov.br/Empresa1.htm.
http://www.energia.sp.gov.br/Ener_na2.htm.

Diante do exposto até agora, é necessário estar atento às características nominais e operacionais dos equipamentos elétricos e ao tempo de funcionamento desses. Dessa forma, torna-se possível quantificar algo que aparentemente é abstrato, como é o caso da energia elétrica.

No uso de equipamentos que dependem do petróleo e de seus derivados, a exemplo do que ocorre com os equipamentos elétricos, a compreensão do seu funcionamento, ou ao menos estar suficientemente informado sobre eles, além de proporcionar economia de combustível e de capital, contribui com a diminuição das emissões de poluentes e aumenta o tempo de exploração das reservas petrolíferas.

O automóvel constitui um exemplo interessante de como pode variar o consumo de gasolina, e são vários os fatores que podem levar do seu uso econômico até o desperdício de combustível.

A condução segura e econômica de um automóvel necessita de uma postura consciente do motorista; nesse sentido, podem-se destacar a forma de dirigir, os cuidados com a mecânica do veículo, o respeito às normas de fabricação, a qualidade do combustível durante o abastecimento, e questionar-se sempre se o uso do automóvel naquele momento é realmente imprescindível.

Quanto à forma de dirigir, a condução em alta velocidade é uma das maneiras de elevar o consumo de combustível do automóvel. Num estudo solicitado pelo Congresso norte-americano,[7] estimou-se que o aumento de consumo de combustível para cada 1,6 km/h acrescentado num intervalo de 88,5 km/h a 104,5 km/h é de 1,78% (Wohlgemuth, 1997). A Figura 4.6 representa graficamente a diminuição da eficiência de um veículo que faz em

---

7   Os valores com casas decimais para as velocidades são indicados assim porque nos Estados Unidos essa medida é indicada em milhas por hora (mph).

1 milha terrestre = 1,6 km

média 15 km/l a 88,5 km/h. Analisando a Figura 4.6, verifica-se um aumento de 18% no consumo, considerando-se os valores extremos do intervalo de velocidades. Em testes realizados no Centro de Pesquisas da Petrobras, com diversos veículos, verificou-se que o consumo de combustível a 100 km/h pode ser até 20% maior do que a 80 km/h (Petrobras, 2001), resultado esse que reforça a avaliação norte-americana.

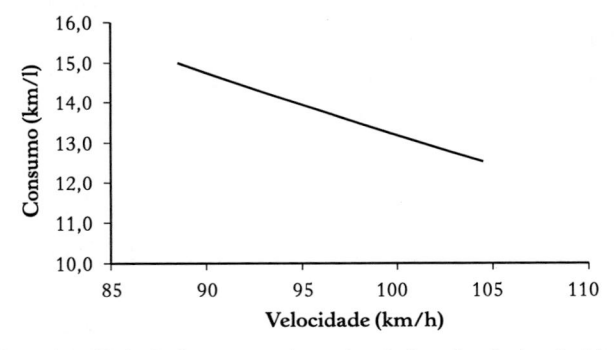

Figura 4.6 – Variação do consumo de combustível em função da velocidade.

Levando-se em conta os resultados da avaliação do consumo de combustível em função da velocidade, considerando-se o mesmo veículo, adotado como exemplo, e assumindo-se que este possua um tanque com capacidade de 60 litros, a sua autonomia a 88,5 km/h (15 km/l) e a 104,5 km/h (12,5 km/l) seria 900 km e 751,8 km, respectivamente. Diante de tal análise, constata-se uma redução de 148,2 km na autonomia.

Uma outra situação, em que ocorre o aumento de consumo de combustível, pode ser descrita da seguinte forma: dois automóveis, lado a lado, começam a subir uma ponte sobre um rio; um dos veículos acelera impondo uma maior velocidade, distanciando-se rapidamente do outro, que praticamente mantém a mesma velocidade; o automóvel que está em alta velocidade começa a frear logo após a metade da ponte (pois, no encontro da ponte com a rua, normalmente existem irregularidades no asfalto, o que pode ocasionar a perda de direção), enquanto o outro se aproxima do primeiro; ao final da ponte, ambos os carros estão praticamente juntos. O motorista que impôs uma maior velocidade ao automóvel teve que pisar mais fundo no acelerador e conseqüentemente gastou mais combustível. Toda a energia solicitada no momento da aceleração (para chegar até a metade da ponte) não foi aproveitada eficientemente[8] e parte dela foi dissipada sob a forma de calor no sistema de freio (as rodas ficaram quentes) ao percorrer a segunda metade da ponte. Enquanto isso, o outro veículo conseguiu aproveitar melhor o combustível queimado no motor, quando comparado com o primeiro.

O parágrafo anterior ilustra uma situação na qual o motorista deve estar sempre atento para que haja uma condução segura e econômica do automóvel. Um procedimento básico para tirar o melhor proveito de qualquer veículo é o respeito às suas especificações técnicas (presentes no manual do proprietário).

Atividade 4.8

▶ Acompanhar o consumo de combustível de um veículo, próprio ou de alguém conhecido (que esteja realmente disposto a participar dessa atividade). Para tanto, considerar a *forma atual de condução* do veículo para o preenchimento da tabela a seguir, durante um mês.

---

8 Ao acelerar um veículo, espera-se atingir uma certa velocidade (dentro dos limites nominais de funcionamento) que possa ser mantida ao longo de um percurso. Durante a aceleração, o motor é solicitado de forma mais intensa (observável pelo aumento do barulho do motor), acarretando uma série de modificações nas suas condições normais de operação, dentre elas, um maior aquecimento do bloco.

Controle de consumo de combustíveis				
Tipo de veículo ☒ automóvel ☐ motocicleta ☐ caminhão ☐ outro_____ ☐ ônibus		Tipo de motor ☐ 1.0 ☐ 2.0 ☐ 1.3 ☐ outro_____ ☒ 1.6		Consumo C dd __10__ médio E td __15__ (km/l)
Data de abastecimento (dd/mm/aaaa)	Leitura do odômetro (km)	Diferença (km) ①	Volume (1) ②	Consumo (km/l) ① ÷ ②
10/08/2001	55632		20	
20/08/2001	55832	200	182	11,0
29/08/2001	56392	560	38,7	14,5

Cdd: Cidade   Etd: Estrada
• na primeira linha da tabela não haverá cálculos, pois serão anotados os dados iniciais.

Após essa primeira etapa, tentar colocar em prática as orientações do manual do proprietário (as que estejam ao alcance) e pesquisar as informações em revistas especializadas e nas empresas do setor petrolífero sobre economia de combustíveis, normalmente disponíveis nos informativos impressos e/ou na internet. A seguir, são apresentados exemplos de *sites* na internet que podem ser úteis.

http://www.petrobras.com.br/conpet/Brframe.htm (escolher a opção Dicas).

http://www.br-petrobras.com.br/bus/dicas/cons2.htm.

http://www.texaco.com.br/produtos/produt/combustivel/tedicas.htm.

A próxima etapa consiste em preencher novamente a tabela, sugerida nessa atividade, observando a forma de dirigir o veículo e os cuidados com a manutenção durante um mês.

Comparar os resultados obtidos.

Observações:

• o odômetro, ou marcador de quilometragem, é normalmente encontrado no velocímetro do veículo, sob a forma de indicador numérico;

• a coluna identificada como Diferença é obtida do valor da leitura do odômetro durante o abastecimento MENOS a leitura do abastecimento anterior;

• na ocasião do abastecimento de combustível, durante a avaliação, ENCHER O TANQUE;

• os valores apresentados servem como exemplo.

No Brasil, o uso do gás liquefeito de petróleo (GLP), ou gás de cozinha, figura entre os derivados de petróleo de significativa importância social, pois a maior parte do seu consumo se faz no setor residencial (principalmente com o uso do fogão doméstico), sendo estimado em mais de 90% do total consumido (Petrobras, 2001).

A quantidade de GLP consumida por um fogão segue os mesmos preceitos dos outros equipamentos até aqui discutidos: tecnologia pertencente e forma de uso. A Petrobras (2001), por meio do Conpet, disponibiliza uma série de orientações que, se observadas, são capazes de promover um melhor aproveitamento do combustível durante a cocção. Novamente caberá ao consumidor a escolha do equipamento e a forma de uso que atenda às suas necessidades e ao mesmo tempo economize o GLP.

Quando substituir um equipamento?

Quando existe a compreensão a respeito da operação de equipamentos que consomem energia, normalmente começam surgir alguns questionamentos, tais como: Que tipo de equipamento deve ser substituído? Em que momento deve ocorrer a substituição? Será que vale a pena substituir? As respostas a essas e outras perguntas dependerão da qualidade das informações disponíveis, da aceitação consciente dos conceitos referentes ao uso racional da energia, da habilidade de realizar modificações (iniciativa) e do retorno (ganho ou economia de capital e/ou qualidade de vida).

Essas quatro etapas (informações disponíveis, aceitação, iniciativa e retorno) fazem parte de um *processo educacional* que, se bem-sucedido, promoverá outras iniciativas por parte do indivíduo.

Antes de qualquer substituição de equipamento, torna-se importante realizar uma investigação no local onde ocorre o consumo de energia (conforme o tipo), por exemplo, a energia elétrica e o GLP nas residências e a gasolina e o óleo diesel nos automóveis e caminhões.

Os resultados obtidos, após uma avaliação inicial criteriosa em relação ao uso da energia, podem numa primeira etapa indicar soluções que tornem desnecessária a troca imediata de um determinado equipamento. A adequação da forma de uso (ações de custo zero) e a realização de uma boa manutenção (quando viável) na maioria das vezes proporcionam resultados satisfatórios. A substituição de um equipamento deve ser considerada após se esgotarem as possibilidades de tirar algum proveito do que se dispõe, ou por alguma razão (dependente de análise técnica e econômica) que inviabilize o uso dos recursos atuais.

Na avaliação do consumo de energia elétrica, uma das primeiras providências é a análise das contas de energia elétrica, de preferência dos últimos doze meses. Durante a avaliação, devem ser levados em conta a estação do ano, o número de pessoas, a aquisição ou manutenção de equipamentos, entre outros elementos que forem julgados relevantes. Essa etapa visa ao conhecimento do perfil de consumo que caracterize a unidade consumidora.

Atividade 4.9

▶ A compreensão do significado dos campos de preenchimento da conta de energia elétrica é fundamental para a leitura desta. Normalmente no verso da conta existe a explicação sobre as informações contidas no documento; caso isso não ocorra, consultar a página na internet da empresa que opera na região (melhor opção) ou dirigir-se à agência de atendimento ao consumidor e solicitar as informações a um funcionário.

Dispondo dos valores consumidos (kWh) em cada mês, de uma residência, durante um ano, construir um gráfico consumo *versus* mês. Observar as informações de interesse e promover um debate a partir da comparação com outros trabalhos, buscando identificar semelhanças e diferenças (considerar o número de pessoas, quantidades e tipos de eletrodomésticos, formas de uso da energia elétrica e outras informações que forem pertinentes).

Observações:

• O período para o faturamento do consumo de energia elétrica (intervalo de tempo em que ocorreu o consumo) compreende a data da leitura anterior e a atual. A quantidade de energia elétrica consumida, em kWh, refere-se ao período do faturamento.

• A data de vencimento da conta de energia não se refere ao mês em que ocorreu o consumo.

• O cálculo do Imposto sobre Circulação de Mercadorias (ICMS) faz-se conforme exemplificado a seguir (no Estado de São Paulo, conforme a Lei nº 6374 de 1º.3.1989):

$$\text{valor da conta} = \text{importe} / (1\text{-}ICMS)$$

sendo:

importe: quantidade consumida (kWh) multiplicada pela tarifa (R\$/kWh)

ICMS: valor na forma decimal em relação ao valor percentual. Por exemplo: 12,5% = 0,125.

A etapa seguinte consiste em identificar a participação de cada equipamento em relação ao consumo mensal de energia elétrica do local sob avaliação. Tal análise é possível, por exemplo, pelo Programa de Acompanhamento do Consumo de Energia Elétrica (Pacee). Uma vez definida qual a participação[9] de cada equipamento em relação ao

---

9 A avaliação da participação pode ser feita de forma percentual. Por exemplo, numa residência que consome mensalmente 220 kWh possui uma geladeira que consome nesse mesmo período 70 kWh, ou seja, a geladeira participa com 31,8% do total consumido.

consumo mensal, a próxima fase consiste em investigar quais foram os motivos das quantidades consumidas (nesse ponto, torna-se importante entender, em termos operacionais, como funciona cada equipamento).

Em relação aos equipamentos que consomem mais, torna-se necessário verificar se eles estão sendo usados corretamente e/ou se estão recebendo uma manutenção adequada. A consulta ao manual fornecido pelo fabricante e as dicas de economia disponíveis pelas empresas do setor elétrico, quando bem entendidas, constituem uma das ferramentas básicas para levar à frente as ações destinadas ao uso racional da energia.

A viabilidade econômica de um procedimento que vise ao uso racional de energia é a condição que permite às pessoas partirem para a ação (iniciativa) na expectativa de resultados positivos (nesse caso, retorno de capital).

Exemplo 4.1

A seguir será apresentado o caso para um chuveiro elétrico, que em média representa 25% do consumo total numa residência. Para tanto, será assumido que o local onde ele se encontra não permite a instalação de outros sistemas (por exemplo, o solar). O chuveiro dispõe de duas posições para o aquecimento da água: verão (3.200 W) e inverno (5.400 W). Moram na residência três pessoas, sendo quinze minutos o tempo médio de banho por dia para cada morador, e a tarifa de energia elétrica da concessionária local é de R$ 0,18/kWh (outubro de 2001).[10]

Primeiro passo: Identificar o tipo de equipamento.

O chuveiro elétrico possui operação contínua durante o seu funcionamento. Para esse tipo de aparelho, serão destacados dois tipos de intervenção:

---

10 Para essa análise, não será considerada a inclusão do ICMS.

- redução do tempo de uso (sem investimento);
- redução da potência (troca da resistência atual por uma de menor potência).

Segundo passo: Avaliação do consumo, pela equação $E = P \cdot t \cdot d$, e da despesa atual do chuveiro em um mês.

- Chave na posição verão:

$$E_{\text{atual}}^{\text{verão}} = P \cdot t \cdot d = 3200 \cdot (0,25 \cdot 3) \cdot 30 = 72\,\text{kWh}$$

sendo 15 minutos = 0,25 horas (esse valor é multiplicado pelo número de moradores).[11]

Determinando uma despesa (D) mensal de:

$$D_{\text{atual}}^{\text{verão}} = E_{\text{atual}}^{\text{verão}} \cdot \text{tarifa} = 72 \cdot 0,18 = 12,96 \text{ reais}$$

- Chave na posição inverno:

$$E_{\text{atual}}^{\text{inverno}} = P \cdot t \cdot d = 5400 \cdot (0,25 \cdot 3) \cdot 30 = 122\,\text{kWh}$$

Determinando uma despesa mensal de:

$$D_{\text{atual}}^{\text{inverno}} = E_{\text{atual}}^{\text{inverno}} \cdot \text{tarifa} = 122 \cdot 0,18 = 21,96 \text{ reais}$$

Terceiro passo: Testar a hipótese de redução do tempo (RT) do banho para 10 minutos (0,17 horas) para cada morador.

- Chave na posição verão:

$$E_{\text{RT}}^{\text{verão}} = P \cdot \cdot t \cdot d = 3200 \cdot (0,17 \cdot 3) \cdot 30 = 49\,\text{kWh}$$

Determinando uma despesa mensal de:

$$D_{\text{RT}}^{\text{verão}} = E_{\text{RT}}^{\text{verão}} \cdot \text{tarifa} = 49 \cdot 0,18 = 8,82 \text{ reais}$$

Havendo, portanto, uma economia mensal de:

$$\text{Economia}_{\text{RT}}^{\text{verão}} = E_{\text{atual}}^{\text{verão}} - E_{\text{RT}}^{\text{verão}} = 72 - 49 = 23\,\text{kWh}$$

Significando uma redução na despesa (RD) mensal de:

$$RD_{\text{RT}}^{\text{verão}} = D_{\text{atual}}^{\text{verão}} - D_{\text{RT}}^{\text{verão}} = 4,14 \text{ reais}$$

- Chave na posição inverno:

$$E_{\text{RT}}^{\text{inverno}} = P \cdot t \cdot d = 5400 \cdot (0,17 \cdot 3) \cdot 30 = 83\,\text{kWh}$$

---

11   1 hora = 60 minutos.

Determinando uma despesa mensal de:

$$D_{RT}^{inverno} = E_{RT}^{inverno} \cdot tarifa = 83 \cdot 0,18 = 14,94 \text{ reais}$$

Havendo, portanto, uma economia mensal de:

$$Economia_{RT}^{inverno} = E_{atual}^{inverno} - E_{RT}^{inverno} = 122 - 83 = 39 \text{ kWh}$$

Significando uma redução na despesa (RD) mensal de:

$$RD_{RT}^{inverno} = D_{atual}^{inverno} - D_{RT}^{inverno} = 7,02 \text{ reais}$$

Quarto passo: Testar a hipótese de substituição (S) da resistência do chuveiro mantendo o tempo de banho em 15 minutos (0,25 horas) para cada morador. A nova resistência dissipa 3.000 W na posição verão e 4.400 W na posição inverno, sendo o preço médio desta em outubro de 2001 igual a R$ 3,00.

• Chave na posição verão:

$$E_S^{verão} = P \cdot t \cdot d = 3000 \cdot (0,25 \cdot 3) \cdot 30 = 68 \text{ kWh}$$

Determinando uma despesa mensal de:

$$D_S^{verão} = E_S^{verão} \cdot tarifa = 68 \cdot 0,18 = 12,24 \text{ reais}$$

Havendo, portanto, uma economia mensal de:

$$Economia_S^{verão} = E_{atual}^{verão} - E_S^{verão} = 72 - 68 = 4 \text{ kWh}$$

Significando uma redução na despesa (RD) mensal de:

$$RD_S^{verão} = D_{atual}^{verão} - D_S^{verão} = 0,72 \text{ reais}$$

• Chave na posição inverno:

$$E_S^{inverno} = P \cdot t \cdot d = 4400 \cdot (0,25 \cdot 3) \cdot 30 = 99 \text{ kWh}$$

Determinando uma despesa mensal de:

$$D_S^{inverno} = E_S^{inverno} \cdot tarifa = 99 \cdot 0,18 = 17,82 \text{ reais}$$

Havendo, portanto, uma economia mensal de:

$$Economia_S^{inverno} = E_{atual}^{inverno} - E_S^{inverno} = 122 - 99 = 23 \text{ kWh}$$

Significando uma redução na despesa (RD) mensal de:

$$RD_S^{inverno} = D_{atual}^{inverno} - D_S^{inverno} = 4,14 \text{ reais}$$

Quinto passo: Avaliação.

Em relação às duas propostas destinadas à redução do consumo de energia elétrica do chuveiro, o controle sobre o tempo do banho é o que se mostrou mais interessante, principalmente por não exigir nenhum investimento. A questão agora se torna pessoal, pois pelos cálculos ficou provado que a quantidade de energia consumida dependerá da forma de uso.

A substituição da resistência pode ser realizada posteriormente à adequação do tempo de banho, caso não haja perda da qualidade da água do banho (quantidade de água e temperatura). É oportuno notar que a quantia economizada em dinheiro durante um mês, ao reduzir o tempo do banho (R$ 4,14 na posição verão e R$ 7,02 na posição inverno), é mais que suficiente para comprar uma resistência de menor potência (R$ 3,00) no mês seguinte.

Sexto passo: Ação.

Colocar em prática os resultados obtidos na avaliação.

Sétimo passo: Controle.

Supervisionar os reflexos das ações sobre o consumo de energia elétrica. Uma das maneiras mais imediatas de acompanhamento é aquela feita pelas leituras do medidor de energia elétrica.

Observação: *As propostas aqui apresentadas não constituem as únicas formas de solução. O uso racional de energia conta com vários conceitos (que devem ser fundamentados cientificamente), que, estando associados com bom senso e criatividade, possibilitam outras interpretações e soluções.*

Exemplo 4.2

A geladeira é responsável em média por 30% do consumo total de energia elétrica numa residência. A seguir, serão discutidas algumas intervenções que poderão vir a colaborar com o uso racional da energia. A geladeira que servirá como exemplo é do tipo simples (uma porta), cuja potência média é de 200 W (na prática, devem-se consultar os dados de placa) e a tarifa de energia elétrica da concessionária local é de R$ 0,18/kWh (outubro de 2001).[12]

Primeiro passo: Identificar o tipo de equipamento.

A geladeira é um equipamento que apresenta operação cíclica durante o seu funcionamento. Apesar de estar 24 horas por dia ligada à energia elétrica através de uma tomada, o seu funcionamento é determinado pelas temperaturas interna e externa, pelo ajuste do termostato (controle feito através de um botão graduado que se encontra na parede interna da geladeira) e pelas condições gerais de conservação. O tempo médio de operação é estimado em 10 horas, num intervalo de 24 horas.

Segundo passo: Calcular o consumo ideal de energia elétrica, pela equação $E = P \cdot t \cdot d$, e do respectivo custo em relação à energia consumida. Os valores obtidos servirão como referência.

$$E_{ideal} = P \cdot t \cdot d = 200 \cdot 10 \cdot 30 = 60 \text{ kWh}$$

Determinando uma despesa (D) mensal de:

$$D_{ideal} = E_{ideal} \cdot \text{tarifa} = 60 \cdot 0,18 = 10,80 \text{ reais}$$

Terceiro passo: Estimar o consumo atual de energia elétrica e a respectiva despesa com a energia consumida. Para tanto, torna-se necessário marcar quanto tempo a geladeira fica funcionando (caracterizado pelo ba-

---

12 Para essa análise, não será considerada a inclusão do ICMS.

rulho do motor na parte posterior) e quanto tempo ela fica desligada (quando o motor pára de funcionar). A título de exemplo, assumir-se-á que o refrigerador opera em ciclos de ligamentos e desligamentos de 20 minutos, ou seja, num intervalo de 24 horas ò equipamento opera 12 horas. Dessa forma, pode-se calcular o consumo estimado pela equação:

$$E_{estimado} = P \cdot t \cdot d = 200 \cdot 12 \cdot 30 = 72 \text{ kWh}$$

Determinando uma despesa (D) mensal de:

$$D_{estimado} = E_{estimado} \cdot \text{tarifa} = 72 \cdot 0,18 = 12,96 \text{ reais}$$

Nessa situação, a geladeira estará consumindo 12 kWh a mais em relação ao consumo ideal, o que significa uma despesa adicional de R$ 2,16.

Quarto passo: Estando o consumo acima do ideal, verificar as seguintes dicas (disponíveis nos *sites* das concessionárias de energia elétrica).

Instale no lugar certo:
- Locais bem ventilados.
- Longe do calor: aquecedores, fogão ou sol.
- Não encoste em paredes ou em móveis.

Use com economia:
- Não abra a porta sem necessidade ou por tempo prolongado e retire os alimentos de uma só vez.
- Evite a formação de camada muito espessa de gelo; faça o degelo periodicamente.
- Evite forrar as prateleiras da geladeira com plásticos, tábuas, vidros ou quaisquer outros materiais para não dificultar a circulação interna do ar frio.
- Não guarde alimentos e líquidos quentes, nem use recipientes sem tampa dentro da geladeira/freezer.
- Regule a temperatura interna do refrigerador através do termostato, ou conforme instruções do fabricante.
- No inverno, a temperatura interna da geladeira não precisa ser tão baixa quanto no verão.
- Conserve limpa a parte traseira e não a utilize para secar panos, roupas, tênis etc.

Para verificar se as borrachas de vedação das portas estão em bom estado, faça um teste periodicamente:

- Feche a porta da geladeira prendendo uma folha de papel. Tente retirar a folha.
- Se ela deslizar e sair facilmente, é sinal de que as borrachas não estão vedando corretamente. Nesse caso, providencie a substituição da borracha e/ou o ajuste das dobradiças.
- Repita esse teste ao redor de toda a porta.

Quinto passo: Após verificar as dicas e tomar alguma providência, refazer os cálculos do *terceiro passo*. Se o consumo continuar acima do ideal, considerar a possibilidade de consultar um técnico; caso contrário, foi atingido o objetivo.

Observações:

1. *As propostas aqui apresentadas não constituem as únicas formas de solução. O uso racional de energia conta com vários conceitos (que devem ser fundamentados cientificamente) que, estando associados com bom senso e criatividade, possibilitam outras interpretações e soluções.*

2. *As geladeiras mais antigas consomem mais energia elétrica, portanto a despesa adicional pode tornar-se muito significativa num intervalo de tempo maior. Nessa situação, uma avaliação bem-feita pode sugerir sua troca por um modelo mais eficiente, proporcionando uma economia de energia que reduza as despesas com a energia elétrica. O valor economizado em dinheiro pagará de forma indireta a nova geladeira.*

Essa mesma postura analítica, que foi aplicada aos equipamentos que utilizam a energia elétrica, pode ser estendida para outros tipos de equipamento, devendo-se levar em consideração as suas características e particularidades (tipo de energia utilizada e a tecnologia a ela associada). A título de exemplo, recorrer-se-á novamente ao automóvel.

O principal indicativo da eficiência energética de um automóvel é o seu desempenho em quilômetros por litro (km/l), conforme o regime de uso (estrada e/ou cidade). O consumo de combustível, como já foi discutido, depende de vários fatores que convergem para a necessidade de manter a manutenção do veículo em dia e para a condução adequada deste. Nos veículos automotores, diferentemente dos equipamentos elétricos, a estimativa matemática para um desempenho ideal é um tanto complexa, cabendo ao usuário a percepção de quanto combustível está sendo consumido.

Dessa forma, a avaliação de um veículo deve começar pelo desempenho atual em km/l. A partir do valor obtido (km/l), devem-se buscar as informações, com relação ao modelo do veículo sob análise, que permitam saber qual é o consumo nominal sob diferentes regimes de uso e carga.[13] Uma outra informação necessária é a distância que se percorre em média num determinado intervalo de tempo, por exemplo um mês. Uma vez dispondo dos consumos, real e ideal de combustível, e a distância percorrida, torna-se possível calcular a quantidade (volume) de combustível que foi gasta a mais, ou economizada dentro do intervalo de tempo considerado. Para saber qual valor em dinheiro for gasto, ou economizado, basta multiplicar o volume[14] (litros) pelo valor do combustível ($/litro).

O consumidor deve estar consciente de que o valor em dinheiro aplicado na manutenção[15] de um veículo terá o seu retorno pelo valor economizado ao longo do tempo.

---

13 Tais informações são fornecidas pelo fabricante ou por revistas especializadas.

14 A unidade de medida de volume utilizada nos postos de combustíveis no Brasil é o litro (l).

15 A manutenção aqui referida é a de rotina, destinada à preservação do veículo. Por exemplo, regulagens, substituição de filtros, limpeza de sistemas, troca de peças, conforme quilometragem, alinhamento, balanceamento, verificação da suspensão, entre outros.

Exemplo 4.3

Considerar um automóvel com motor 1.6, cujo consumo atual na estrada é de 12 km/l (conforme o roteiro de acompanhamento do consumo veicular, apresentado em item anterior). O veículo é normalmente ocupado por duas pessoas (motorista incluso), carrega pouca bagagem e percorre em média 2.000 km por mês. Uma revisão completa do motor, que consiste basicamente na troca das velas,[16] regulagem do sistema de injeção eletrônica ou do carburador (presente em veículos mais antigos), troca dos filtros de ar e gasolina, custa aproximadamente R$ 160,00 (preço praticado em 5.11.2001 com a mão-de-obra inclusa). Para essa análise, considerar-se-ão pneus, suspensão, balanceamento e alinhamento, em conformidade com as orientações do fabricante. O preço médio do combustível, no local de residência do motorista, é de R$ 1,89 (preço praticado em 5.11.2001).

Primeiro passo: Identificar o tipo de equipamento.

O veículo possui motor 1.6, cujo consumo médio é 15 km/l na estrada, conforme as informações do fabricante. Essa informação confere com um teste realizado por uma equipe de mecânicos que trabalha para uma revista especializada.

Segundo passo: Calcular a quantidade necessária de combustível para percorrer os 2.000 km mensais na

---

16 A vela é o acessório responsável pela geração de faíscas no interior do motor (cilindro), as quais, por sua vez, ocasionarão a queima do combustível (processo de combustão). As faíscas provenientes de velas danificadas não são suficientes para uma queima eficiente do combustível e, além de significar perda de potência do veículo, resultam também em aumento do consumo de combustível.

condição indicada pelo fabricante (ideal) e a respectiva despesa (D).

$$\text{Consumo}_{\text{ideal}} = 2.000/15 = 133 \text{litros/mês}$$

$$D_{\text{ideal}} = 133 \cdot 1,89 = 251,37 \text{ reais/mês}$$

Terceiro passo: Estimar o consumo e a despesa atual para percorrer os 2.000 km mensais.

$$\text{Consumo}_{\text{atual}} = 2.000/12 = 167 \text{ litros/mês}$$

$$D_{\text{atual}} = 167 \cdot 1,89 = 315,63 \text{ reais/mês}$$

Quarto passo: Avaliar a economia mensal de combustível e a redução de despesa (RD) após uma revisão no motor do veículo.

$$\text{Economia}_{\text{combustível}} = \text{Consumo}_{\text{atual}} - \text{Consumo}_{\text{ideal}} =$$
$$= 167 - 133 = 34 \text{ litros/mês}$$

$$RD = D_{\text{atual}} - D_{\text{ideal}} = 315,63 - 251,37 = 64,26 \text{ reais/mês}$$

Considerando-se que a realização da manutenção custa R$ 160,00 e que esta deve ser feita a cada 10.000 km (referente ao veículo em questão), o que equivale a uma intervenção a cada 5 meses, visto que o automóvel percorre em média 2.000 km por mês, conclui-se que, tomadas as devidas providências, o dinheiro gasto com a manutenção do veículo será recuperado, através do valor monetário economizado no combustível, em dois meses e meio, conforme o cálculo a seguir:

$$\text{Recuperação} = 160/64,26 = 2,5 \text{ meses}$$

Nos outros dois meses e meio restantes para a próxima revisão, serão economizados outros R$ 160,00.

Sexto passo: Ação.

Colocar em prática os resultados obtidos na avaliação.

Sétimo passo: Controle.

Supervisionar os reflexos das ações sobre o consumo de combustível, conforme o roteiro de acompanhamento do consumo veicular, apresentado em item anterior.

Observação: *As propostas aqui apresentadas não constituem as únicas formas de solução. O uso racional de energia conta com vários conceitos (que devem ser fundamentados cientificamente) que, estando associados com bom senso e criatividade, possibilitam outras interpretações e soluções.*

Atividade 4.10

▶ Após uma avaliação prévia, identificar um equipamento que será objeto de estudo e intervenção, visando conseguir a melhor eficiência possível dele. Estimar a despesa atual e a posterior à intervenção. Colocar em prática, na medida do possível, os procedimentos voltados ao uso racional da energia.

Observações:

a) *Compare as despesas (com a energia elétrica ou com os derivados de petróleo – gasolina, diesel, GLP) entre o mês anterior e o mês em que ocorreram as intervenções.*

b) *As intervenções não implicam necessariamente troca ou compra de equipamentos. Vale a pena lembrar que as alterações comportamentais constituem uma das formas eficazes de promover o uso racional da energia.*

Uso racional da energia: um processo contínuo

Os resultados positivos conseguidos por alguém, no que se refere ao uso racional de energia, devem ser objeto de divulgação entre as pessoas que estão próximas. Resultados mais amplos partem de ações localizadas, decorrentes da mobilização social.

O processo de interação entre os indivíduos, quando bem conduzido, tem a capacidade de difundir as informações de forma eficaz. Nesse contexto, utilizar a energia eficientemente proporciona não somente economia de divisas, mas promove a cidadania, em virtude dos benefícios à qualidade de vida.

Atividade 4.11

▶ Desenvolver uma forma de divulgação dos resultados obtidos com base nas ações realizadas no contexto do uso racional de energia. Sugestões: confecção de cartazes, redação de panfletos ou jornais, avisos em murais, feira de ciências, palestras para a comunidade e o que a sua criatividade permitir.

Benefícios ao meio ambiente

A colocação em prática dos conceitos referentes ao uso racional de energia constitui um dos principais caminhos para a preservação do meio ambiente e, por conseguinte, a garantia da manutenção da qualidade de vida sobre a Terra.

Dentre os benefícios trazidos ao meio ambiente em conseqüência da utilização eficiente da energia, pode-se citar a redução nas emissões de dióxido de carbono (CO_2), um dos principais responsáveis pelo aquecimento global.[17]

---

17 O aquecimento global é decorrente do chamado efeito estufa. Uma parte da luz solar que passa pela atmosfera terrestre é absorvida pela Terra e uma outra parte é refletida por ela sob a forma de radiação infravermelha; todavia, o acúmulo de CO_2 na atmosfera não permite a dispersão de tal radiação, acumulando dessa forma energia sob a forma de calor.

O aumento da temperatura nas imediações da superfície terrestre tem sido indicado como o responsável pela interferência nos ciclos da água e do ar, acarretando alterações climáticas, como as alterações no regime das chuvas, proporcionando períodos de secas ou de chuvas intensas que fogem de um comportamento médio. O uso dos derivados de petróleo, principalmente pelo setor de transportes, contribui não somente com o CO_2, mas também com outros poluentes que prejudicam a natureza e, conseqüentemente, pioram a qualidade de vida das pessoas.

Com relação à energia elétrica, o seu uso racional proporciona um melhor aproveitamento do sistema elétrico existente, evitando, dessa forma, a necessidade de expansão deste para atender a uma parte da energia que não estaria sendo bem aproveitada. A expansão do sistema elétrico é algo necessário ao atendimento das necessidades socioeconômicas das populações, entretanto deve ser feita de forma consciente, tendo-se em vista as condições para o desenvolvimento sustentável.[18]

Atividade 4.12

▶ Pesquisar sobre o efeito estufa, a chuva ácida e as principais doenças decorrentes da poluição. Com base nos conceitos relativos ao uso racional da energia, promover um debate que aborde os assuntos pesquisados.

---

18 "O desenvolvimento sustentável é aquele que busca o atendimento das necessidades humanas no presente sem comprometer a capacidade das futuras gerações de atender às suas próprias necessidades" (Dincer, 1999).

5
A INFORMAÇÃO NO CONTEXTO DA ENERGIA

Introdução

A evolução dos meios de comunicação proporcionou um amplo acesso às informações para significativa parcela da população. Os jornais, a televisão, o rádio, a internet, entre outros meios de comunicação, estão a todo momento fornecendo uma quantidade enorme de informações; todavia, elas (as que estiverem disponíveis) devem ser avaliadas segundo um entendimento que respeite os conteúdos do processo educacional. Nesse contexto, a qualidade do que está sendo veiculado deve ser alvo de constante reflexão, de tal forma a poder extrair os conhecimentos que colaborem com o desenvolvimento da humanidade, a fim de alcançar uma condição de sociedade mais justa e em equilíbrio com o meio ambiente.

Os textos propostos a seguir exemplificam algumas formas de abordagem em relação à questão energética. Mesmo sendo textos selecionados para este trabalho, eles devem ser objetos de discussão, como qualquer outra referência.

Textos complementares

Carta do Departamento de Energiẳ dos Estados Unidos

Departamento de Energia

Washington DC, 2 de abril de 1999.

Caros Coordenadores do *Earth Day*, Professores e Administradores

Os que tomarão as decisões no futuro estão hoje sentados nos bancos de suas escolas, e, com a ajuda dos senhores(as), eles terão a capacidade de transformar o mundo num lugar melhor. A Secretaria de Eficiência Energética e Fontes Renováveis do Departamento de Energia gostaria de fornecer aos(às) senhores(as) as ferramentas necessárias para oferecer auxílio aos seus estudantes. Nós sabemos como é difícil para os educadores equilibrar essa responsabilidade com as necessidades curriculares, e nós estamos satisfeitos em oferecer aos(às) senhores(as), de forma gratuita, materiais que contemplam atividades destinadas ao Uso Consciente da Energia, encaminhados por esta carta. As lições contidas neste pacote ajudarão os seus estudantes a aprenderem como prevenir a poluição atmosférica e economizar dinheiro de suas famílias e escolas, simplesmente usando menos energia.

Nós convidamos os(as) senhores(as) a usarem este material durante o *Earth Day*, na semana de 22 de abril, quando planejarem os seus currículos para 2000 (*Energy 2000*), e em outras datas apropriadas durante o ano escolar. Para facilitar a combinação das atividades propostas com os currículos e planos existentes, são providenciados materiais de suporte, transparências, guias de orientação aos professores e textos para alunos.

Ao utilizar esses materiais, os(as) senhores(as) também estarão ajudando o Departamento de Energia no sentido de atingir as suas metas na educação em ciências por meio da melhora do entendimento e uso de tecnologias que contemplem a eficiência energética. Por exemplo, as atividades destinadas ao K-3[1] mostram às crianças as dicas de economia de energia e as orientam quanto às fontes renováveis de energia através da página na internet "Kid-focused". Nos níveis de K-4 a K-7 a lição "Home Lighting Energy-Saver Detective" é parte dos esforços de Departamento para lançar as novas lâmpadas fluorescentes compactas com o selo *Energy Star*Ò. E, finalmente, a auditoria no sistema de iluminação da biblioteca da escola é uma importante extensão dos nossos Programas *Energy $mart Schools* e *Rebuild America*.

Nós esperamos que os(as) senhores(as) e os seus estudantes julguem as atividades agradáveis e informativas, e estamos à disposição e encorajamos o seu retorno. Se os(as) senhores(as) tiverem alguma questão, comentários ou sugestões, ou se gostariam de nos informar sobre os currículos que têm usado em suas aulas, por favor contate o nosso escritório do *Building Technology, State and Communiy Programs* pelo telefone 202-586-9240, ou encontre-nos no site www.eren. doe.gov/buildings.

Muito obrigado novamente pelos seus trabalhos e continuada dedicação para educar os que tomarão as decisões no futuro.

Atenciosamente

Dan W. Reicher

---

1 Os níveis *elementary, middle* e *high school* das escolas norte-americanas correspondem aos níveis fundamental e médio nos estabelecimentos de ensino brasileiros.

Lei presidencial que dispõe sobre a política nacional do uso racional de energia

**Presidência da República
Casa Civil
Subchefia para Assuntos Jurídicos**

LEI Nº 10.295, DE 17 DE OUTUBRO DE 2001.

Dispõe sobre a Política Nacional de Conservação e Uso Racional de Energia e dá outras providências.

O PRESIDENTE DA REPÚBLICA Faço saber que o Congresso Nacional decreta e eu sanciono a seguinte Lei:

Art. 1º A Política Nacional de Conservação e Uso Racional de Energia visa à alocação eficiente de recursos energéticos e à preservação do meio ambiente.

Art. 2º O Poder Executivo estabelecerá níveis máximos de consumo específico de energia, ou mínimos de eficiência energética, de máquinas e aparelhos consumidores de energia fabricados ou comercializados no País, com base em indicadores técnicos pertinentes.

§ 1º Os níveis a que se refere o *caput* serão estabelecidos com base em valores técnica e economicamente viáveis, considerando a vida útil das máquinas e aparelhos consumidores de energia.

§ 2º Em até 1 (um) ano a partir da publicação destes níveis, será estabelecido um Programa de Metas para sua progressiva evolução.

Art. 3º Os fabricantes e os importadores de máquinas e aparelhos consumidores de energia são obrigados a adotar as medidas necessárias para que sejam obedecidos os níveis máximos de consumo de energia e mínimos de eficiência energética, constantes da regulamentação específica estabelecida para cada tipo de máquina e aparelho.

§ 1º Os importadores devem comprovar o atendimento aos níveis máximos de consumo específico de energia, ou mínimos de eficiência energética, durante o processo de importação.

§ 2º As máquinas e aparelhos consumidores de energia encontrados no mercado sem as especificações legais, quando da vigência da regulamentação específica, deverão ser recolhidos, no prazo máximo de 30 (trinta) dias, pelos respectivos fabricantes e importadores.

§ 3º Findo o prazo fixado no § 2º, os fabricantes e importadores estarão sujeitos às multas por unidade, a serem estabelecidas em regulamento, de até 100% (cem por cento) do preço de venda por eles praticados.

Art. 4º O Poder Executivo desenvolverá mecanismos que promovam a eficiência energética nas edificações construídas no País.

Art. 5º Previamente ao estabelecimento dos indicadores de consumo específico de energia, ou de eficiência energética, de que trata esta Lei, deverão ser ouvidas em audiência pública, com divulgação antecipada das propostas, entidades representativas de fabricantes e importadores de máquinas e aparelhos consumidores de energia, projetistas e construtores de edificações, consumidores, instituições de ensino e pesquisa e demais entidades interessadas.

Art. 6º Esta Lei entra em vigor na data de sua publicação.

Brasília, 17 de outubro de 2001; 180º da Independência e 113º da República.

FERNANDO HENRIQUE CARDOSO
José Jorge
Pedro Parente

Revista eletrônica *Com Ciência* –
http://www.comciencia.br/energia

Energia e Meio Ambiente

Gilberto De Martino Jannuzzi

O sistema energético compreende as atividades de extração, processamento, distribuição e uso de energia e é responsável pelos principais impactos ambientais da sociedade industrial. Seus efeitos nocivos não se restringem ao nível local onde se realizam as atividades de produção ou de consumo de energia, mas também possuem efeitos regionais e globais. Na escala regional pode-se mencionar, por exemplo, o problema de chuvas ácidas, ou ainda o derramamento de petróleo em oceanos, que pode atingir vastas áreas. Existem ainda impactos globais, e os exemplos mais contundentes são as alterações climáticas devido ao acúmulo de gases na atmosfera (efeito estufa), e a erosão da camada de ozônio devido ao uso de CFCs (compostos com moléculas de cloro-fluor-carbono) utilizados em equipamentos de ar condicionado e refrigeradores.

Todas as etapas da indústria energética até a utilização de combustíveis provocam algum impacto ao meio ambiente e à saúde humana. A extração de recursos energéticos, seja petróleo, carvão, biomassa ou hidroeletricidade, tem implicações em mudanças nos padrões de uso do solo, recursos hídricos, alteração da cobertura vegetal e na composição atmosférica. As atividades de mineração (carvão e petróleo) empregam cerca de 1% da mão-de-obra global, mas são responsáveis por cerca de 8% dos acidentes de trabalho fatais.

As atividades relacionadas com a produção e uso de energia liberam para a atmosfera, água e solo diversas substâncias que comprometem a saúde e sobrevivência não só do homem, mas também da fauna e flora. Alguns desses efeitos são visíveis e imediatos, outros têm a propriedade de ser cumulativos e de permanecer por várias décadas ocasionando problemas.

A seguir, apresentamos as principais conseqüências ambientais decorrentes da produção e usos dos energéticos mais importantes.

Poluição atmosférica

O setor energético é responsável por 75% do dióxido de carbono lançado à atmosfera, 41% do chumbo, 85% das emissões de enxofre e cerca de 76% dos óxidos de nitrogênio. Tanto o enxofre como os óxidos de nitrogênio têm um papel importante na formação de ácidos na atmosfera que, ao precipitarem na forma de chuvas, prejudicam a cobertura de solos, vegetação, agricultura, materiais manufaturados que sofrem corrosão e até mesmo a pele do homem. A constante deposição de compostos ácidos em rios e lagos afeta a vida aquática e ameaça toda a cadeia alimentar de ecossistemas. Nos solos, a acidez das chuvas reduz a presença de nutrientes. Para a saúde humana, a presença de particulados contendo enxofre e óxidos de nitrogênio provoca ou agrava doenças respiratórias como bronquite e enfisema, especialmente em crianças. Esse tipo de problema tem sido verificado em regiões da China, Hong Kong e Canadá, que sofrem os efeitos de termoelétricas a carvão situadas muitas vezes em locais distantes de onde ocorrem as chuvas ácidas.

O consumo de derivados de petróleo pelo setor de transporte é o que apresenta a maior contribuição para a degradação do meio ambiente em nível local e global. Estima-se que 50% dos hidrocarbonetos emitidos em áreas urbanas e aproximadamente 25% do total das emissões de todo o dióxido de carbono gerado no mundo resultem das atividades desenvolvidas com os sistemas de transporte.

Além disso, partículas em suspensão decorrentes da queima de material orgânico ou de combustíveis constituem um problema sério em várias partes do mundo. Isso ocorre sempre que há queimadas de florestas ou de diesel e óleo combustível nas áreas urbanas. A baixa qualidade desses combustíveis em muitos países, aliada à precariedade de veículos, trânsito congestionado e condições climáticas desfavoráveis em grandes cidades, contribui para que exista uma quase permanente concentração de finas partículas no ambiente urbano. A saúde respiratória fica comprometida para milhões de pessoas expostas a essas partículas. Devido ao pequeno tamanho dessas partículas, elas vão se acumulando ao longo do tempo nos pulmões das pessoas e são especialmente problemáticas porque podem carregar ainda compostos carcinogênicos para esses órgãos.

O efeito estufa

Um dos mais complexos e maiores efeitos das emissões do setor energético são os problemas globais relacionados com mudanças climáticas. O acúmulo de gases, como o dióxido de carbono na atmosfera, acentua o efeito estufa natural do ecossistema terrestre a ponto de romper os padrões de clima que condicionaram a vida humana, de animais, peixes, agricultura, vegetação etc. É cada vez mais evidente a constatação de crescentes concentrações de CO_2 na atmosfera e o aumento de temperaturas médias. São imprevisíveis as implicações de mudanças climáticas para os países e suas populações. Alteração na produtividade da agricultura, pesca, inundações de regiões costeiras e aumento de desastres naturais estão entre as mudanças provocadas pelas alterações climáticas esperadas.

A seriedade desses efeitos tem sido reconhecida por diversos estudos científicos internacionais e vários países estão procurando consenso para uma agenda mínima de atividades para controle e mitigação de emissões, como o *Protocolo de Kyoto*, discutido no âmbito dos países signatários da Convenção Climática. Infelizmente, ainda não se tem acordado um sistema de controle de emissões de gases entre os países industrializados, historicamente os maiores contribuintes para os altos níveis de concentração desses gases na atmosfera.

Termelétricas

A produção de eletricidade em termelétricas representa em escala mundial cerca de um terço das emissões antropogênicas de dióxido de carbono, sendo seguida pelas emissões do setor de transporte e industrial. Os principais combustíveis utilizados em todo o mundo são o carvão, derivados de petróleo e, crescentemente, o gás natural. Existem ainda outros tipos de usinas termelétricas que queimam resíduos de biomassa (lenha, bagaço) e até mesmo lixo urbano.

Além das emissões de gases e partículas, existem outros problemas associados com utilização de água para o processo de geração termelétrica, pois muitas usinas usam água para refrigeração ou para produção de vapor. Esse tem sido um dos principais obstáculos para a implantação de termelétricas no país, pois diversos projetos se localizam ao longo do principal gasoduto construído, que segue exatamente as bacias hidrográficas com problemas de abastecimento e de qualidade de água em regiões densamente povoadas.

É importante notar também que houve bastante progresso com relação ao aumento da eficiência de usinas termelétricas através da introdução de tecnologias de co-geração e turbinas a gás. As possibilidades de gaseificação de carvão, madeira e bagaço oferecem novas oportunidades de usinas mais eficientes e com menores impactos que as convencionais.

Hidrelétricas

Muitas vezes faz-se referência à hidroeletricidade como sendo uma fonte "limpa" e de pouco impacto ambiental. Na verdade, embora a construção de reservatórios, grandes ou pequenos, tenha trazido enormes benefícios para o país, ajudando a regularizar cheias, promover irrigação e navegabilidade de rios, eles também trazem impactos irreversíveis ao meio ambiente. Isso é especialmente verdadeiro no caso de grandes reservatórios. Existem problemas com mudanças na composição e propriedades químicas da água, mudanças na temperatura, concentração de sedimentos, e outras modificações que ocasionam problemas para a manutenção de ecossistemas à jusante dos reservatórios. Esses empreendimentos, mesmo bem controlados, têm tido impactos na manutenção da diversidade de espécies (fauna e flora) e afetado a densidade de populações de peixes, mudando ciclos de reprodução.

O Brasil tem acumulado grande experiência com o resultado das várias usinas hidrelétricas que foram construídas, sendo um dos seus maiores exemplos o caso da hidrelétrica de Balbina, que provocou a inundação de parte da floresta nativa, ocasionando alterações na composição e acidez da água, que depois teve impacto no próprio desempenho da usina. Até recentemente as turbinas apresentavam problemas de corrosão e depósito de material orgânico, devidos a alterações que ocorreram na composição da água.

Energia nuclear

A energia nuclear é talvez aquela que mais tem chamado atenção quanto aos seus impactos ambientais e à saúde humana. São três os principais problemas ambientais dessa fonte de energia. O primeiro é a manipulação de material radioativo no processo de produção de combustível nuclear e nos reatores nucleares, com riscos de vazamentos e acidentes. O segundo problema está relacionado com a possibilidade de desvios clandestinos de material nuclear para utilização em armamentos, por exemplo, acentuando riscos de proliferação nuclear. Finalmente existe o grave problema de armazenamento dos rejeitos radioativos das usinas.

Já houve substancial progresso no desenvolvimento de tecnologias que diminuem praticamente os riscos de contaminação radiativa por acidente com reatores nucleares, aumentando consideravelmente o nível de segurança desse tipo de usina, mas ainda não se apresentam soluções satisfatórias e aceitáveis para o problema do lixo atômico.

Fontes alternativas

As chamadas fontes alternativas, como solar, eólica e biomassa, não estão totalmente isentas de impactos ambientais, embora eles possam ser relativamente menores. A utilização em larga escala de painéis fotovoltaicos ou biomassa implica a alteração no uso do solo. A fabricação de componentes dessas tecnologias também produz efeitos ambientais, como é o caso da extração do silício para painéis fotovoltaicos. Muitos desses sistemas dependem de baterias químicas para armazenagem da eletricidade, que ainda apresentam sérios problemas de contaminação por chumbo e outros metais tóxicos para o meio ambiente.

O que fazer?

Os desafios para continuar a expandir as necessidades energéticas da sociedade com menores efeitos ambientais são enormes. É praticamente impossível eliminar os impactos ambientais de sistemas energéticos. O trabalho dos cientistas e analistas de energia é, na verdade, oferecer alternativas de escolhas para a sociedade e facilitar seu acesso a esse tipo de informação. No entanto, o problema energético não se reduz a uma escolha entre tecnologias para atender à crescente demanda de energia. Essa é uma matéria de grande complexidade, que envolve não só a discussão de aspectos técnicos, mas também de preferências, padrões de conforto desejados pela sociedade e custos de energia. Existe urgentemente a necessidade de questionar os principais condicionantes da crescente demanda de energia: nosso sistema de urbanização, as atividades econômicas e estilos de vida. Somente mudanças nessas áreas possibilitarão maior utilização de tecnologias mais limpas e eficientes, fontes renováveis e descentralizadas.

Existem avanços importantes, como o aparecimento de tecnologia de células combustível que são capazes de gerar eletricidade a partir de elementos como hidrogênio e oxigênio, ou gasolina, etanol, gás natural, e outros. É um tipo de tecnologia que pode ter impactos bastante reduzidos quando comparada com as opções existentes de geração de eletricidade, mas ainda existem limitantes técnicos e econômicos para maior disseminação. O futuro parece promissor para as células combustíveis, e alguns modelos de pequeno porte já aparecem comercialmente nos EUA e Japão.

O avanço em escala comercial de tecnologias avançadas que reduzam a utilização de energia e emissões ainda é muito tímido, especialmente no Brasil. Para que seja possível conceber um futuro mais sustentável do ponto de vista energético, é necessário maior participação de fontes renováveis e maior eficiência para produção e uso de energia. É fundamental maior compromisso e esforço por parte do setor público e privado, seja em nível local, seja em nível internacional.

No caso do efeito estufa, existem três possibilidades para reduzir a contribuição do setor energético: promover a substituição de combustíveis fósseis por renováveis, realizar a substituição de combustíveis fósseis por outros com menor conteúdo de carbono, como o gás natural, e finalmente acelerar a redução do uso de energia, através de tecnologias eficientes e sistemas menos intensivos em energia.

Essas são as direções que deverão guiar os esforços de inovação tecnológica para a área energética daqui em diante, para um futuro com menores impactos ambientais.

Gilberto de Martino Jannuzzi é professor da Faculdade de Engenharia Mecânica da Unicamp.

Artigo do jornal *O Estado de S.Paulo* de 31.10.2000 – "Espaço Aberto"

O papel das energias renováveis

José Goldemberg

Até o fim do século 18, praticamente toda a energia usada pelo homem, seja para aquecimento residencial, cocção de alimentos ou fins industriais, se originava da madeira obtida de florestas nativas. É por essa razão que as florestas européias, da França até a Suécia (incluindo a Inglaterra), foram devastadas. Só a partir do século 19 é que incentivos para o reflorestamento – além de medidas punitivas para quem desmatasse – recuperaram essas florestas, que, de modo geral, são homogêneas, para desprazer dos ecologistas, que prefeririam um reflorestamento mais diversificado.

Além de madeira, moinhos de vento cobriam as costas da Espanha, França, dos Países Baixos, da Dinamarca e Suécia. Esses moinhos, imortalizados por Cervantes no seu *D. Quixote de la Mancha*, moíam trigo. Rodas-d'água movidas por pequenos cursos d'água, como ainda ocorre em muitas fazendas do interior, eram também populares.

Estas eram as fontes de energia com que a humanidade contava até dois séculos atrás, além da energia dos escravos e trabalhadores, cujo esforço construiu as cidades do passado. Todas essas fontes eram renováveis, isto é, não corriam o perigo de se esgotar nem de poluir o meio ambiente, por serem usadas em equilíbrio com ele.

A partir do século 19, o carvão mineral começou a ser usado em grande escala e, a partir do início do século 20, petróleo e gás se tornaram dominantes.

Essas fontes de energia são fósseis e acabarão por se esgotar. Além disso, a maneira como são usadas é uma das principais fontes de poluição que enfrentamos hoje.

O ideal seria, pois, voltar ao passado e depender apenas de energias renováveis, o que, à primeira vista, parece um sonho, por uma razão muito simples: não só a população mundial é hoje muito maior como também o consumo de energia "per capita" é muitas vezes superior ao que era no passado.

Carvão, petróleo, gás e energia nuclear foram indispensáveis para suprir as necessidades da população mundial no século 20, apesar dos problemas que originaram. É evidente, portanto, que ninguém abrirá mão dos benefícios e amenidades que eles têm proporcionado se não existirem alternativas viáveis.

Sucede que, do ponto de vista técnico, essas alternativas existem e estão aos poucos sendo adotadas na Europa e em alguns países em desenvolvimento, entre os quais se destaca o Brasil.

Qualquer pessoa que viaje pela costa atlântica da Europa, sobretudo na Escandinávia, na Alemanha e nos Países Baixos, vai ficar surpresa ao observar inúmeros "moinhos de vento", não tão bucólicos como os do tempo de Cervantes, mas que produzem – cada um deles – suficiente energia elétrica para suprir as necessidades de uma cidade de cerca de mil habitantes. Além disso, resíduos vegetais, esterco de animais nas áreas rurais e lixo das grandes cidades são reciclados e produzem calor para aquecimento residencial e eletricidade. Cerca de 15% de toda a energia usada na Suécia tem essa origem. Na Dinamarca, cerca de 15% de toda a eletricidade vem de moinhos de vento.

No Brasil, a energia hidrelétrica supre quase toda a energia elétrica usada, e o Programa do Álcool e o uso de bagaço contribuem significativamente para outros usos. Além disso, está sendo desenvolvido um programa de gaseificação de madeira, na Bahia – conduzido pela Chesf –, para geração de eletricidade, que poderá abrir novos caminhos nessa área.

Esta é a onda do futuro: os países mais avançados estão investindo pesadamente no desenvolvimento de "energias renováveis", que são alternativas viáveis às "energias fósseis", que acabarão por se exaurir. A União Européia decidiu recentemente que, no ano 2010, cerca de 12% de toda a sua energia deverá ser proveniente de fontes renováveis.

O Brasil ocupa uma situação privilegiada a esse respeito, porque 60% de toda a nossa energia já é renovável. Mais ainda, as tecnologias em uso são desenvolvidas no País – como é o caso do álcool – ou se encontram completamente dominadas pela engenharia nacional e por empresas aqui estabelecidas há muitos anos.

É essencial não perder esta condição de liderança entre os países em desenvolvimento.

José Goldemberg foi secretário de Ciência e Tecnologia do governo federal.

Artigo do jornal *Gazeta Mercantil* de 23.10.2001 – "Caderno Análises & Perspectivas"

Novas atitudes com o racionamento[2]

Conta a história que o filósofo romano Sêneca, há mais de 2 mil anos, aconselhava seus seguidores a passar um dia por mês à base de pão e água e uma noite dormindo no chão duro. Segundo ele, isso era importante para aprender a diferença entre necessidade e desejo. Apesar de ser um cenário imposto pela notória inépcia do governo brasileiro, o racionamento de energia pode ser compreendido como uma grande oportunidade para refletir sobre esse assunto. Há um adje-

---

2 O racionamento de energia elétrica no Brasil, em decorrência da escassez de água nos reservatórios nas usinas hidrelétricas das regiões Sudeste·e Nordeste, teve início em junho de 2001 e fim em março de 2002.

tivo, no jargão psicanalítico, advindo da combinação de dois termos gregos, que descreve com exatidão o mundo em que vivemos desde a Pré-história: algedônico, palavra que mistura dor (*algos*) e prazer (*hedos*). É exatamente na fina linha que separa essas capacidades humanas que duas batalhas vêm sendo travadas. A primeira é a tentativa de aniquilar toda espécie de sofrimento, o que nos leva à satisfação das nossas necessidades humanas. São exigências básicas e universais, como dar cabo da fome, da sede, do medo, da solidão, do frio e de tantas outras coisas. Quando a tentativa resulta em sucesso, o ser humano descobre o conforto, mas, quando isso não ocorre, experimenta o sofrimento.

Se pensarmos alguns minutos sobre a realidade atual, perceberemos que a maioria dos produtos movidos a energia elétrica, considerados praticamente indispensáveis ao mínimo conforto humano, como geladeira, elevador ou bom banho quente, contrariando a tese inicial, não gera satisfação. Ou seja, abrir a geladeira ou acender a luz do quarto não são motivos para ninguém sair por aí soltando rojões. Entretanto, sua supressão do nosso convívio provoca um desconforto desastroso. É como retroceder no tempo e voltar ao século XIX. Já abdicar da máquina de lavar pratos, da secadora de roupas ou do microondas, por exemplo, apesar de ampliar o desconforto, são ações razoáveis, pois não chega ao ponto de causar sofrimento.

A segunda batalha é empreendida com a meta de conquistar o império dos desejos, principalmente por meio da busca de gratificação, que também constitui uma necessidade humana universal, materializada pelo consumo. Sem o desafio de buscar o que se deseja, as pessoas ficariam restritas ao tédio. Por isso, desse lado da arena, pensando sempre pela óptica do racionamento, encontramos aparelhos de televisão, o som, o vídeo e o DVD, entre outros ligados ao prazer. Na sociedade, infelizmente, a primeira batalha ainda não foi vencida e a segunda traz embutida em si o risco de transformar a busca pela gratificação em dependência do prazer. É o que causa o consumismo. Em uma análise um pouco mais detalhada, percebemos que essa procura incessante pelo conforto e pelo prazer é potencializada pelo mercado. São milhões gastos na criação de bens e serviços, essenciais e supérfluos, desenvolvidos em progressão geométrica, além de outras somas polpudas em propaganda. Daí se têm dois efeitos negativos: para o planeta, seriam poluição, extinção de numerosas espécies animais e vegetais, problemas com a camada de ozônio, inundações e efeito estufa; para a sociedade, a ilusão de que os recursos hídricos e energéticos são infinitos ou auto-renováveis.

É estranho depois dessas considerações afirmar isso, mas a maior parte da população realmente pensa que, para satisfazer seu padrão de consumo, cientistas e técnicos encontrarão um jeito de descobrir ou fabricar os recursos que a natureza provê. Um bom exemplo disso é a política que o George W. Bush estabeleceu para o assunto. Hoje, os Estados Unidos incentivam a prospecção de petróleo mesmo em áreas de preservação ambiental. Na França, usinas nucleares estão sendo construídas. Na Alemanha, quase toda a água é reciclada. Na Rússia, milhares de pessoas morrem de frio por falta de combustível suficiente para o aquecimento. Na Cidade do México, o ar é irrespirável por conta da fumaça dos carros. No entanto, a vida continua. As pessoas procedem como se emprego, dinheiro no banco e saúde fossem bens permanentes. Cinco minutos de conversa com um estranho na rua são suficientes para descobrir que, segundo a idéia geral, as coisas ruins sempre ocorrem com os outros. Prova disso é que, há mais de 15 anos, especialistas vêm anunciando o colapso energético brasileiro, mas todo mundo fez ouvidos moucos; inclusive o governo.

A conseqüência dessa posição existencial é que transmutamos desejos em necessidade. Todo mundo conjuga os verbos precisar, querer e desejar indistintamente, sem conexão com suas necessidades reais. Vamos além: tudo que se afasta do conforto absoluto estorva. Vamos de carro à padaria da esquina e utilizamos o elevador mesmo para subir um único andar. A escassez dos bens que podem satisfazer nossos infinitos desejos nos torna infelizes. É como pregava Epicuro: "Nada é bastante para quem considera pouco o que já é suficiente". Mas existe uma outra postura. É aquela em que a consciência de que ninguém está imune aos reveses da vida se faz presente. Ou seja, o mundo pode enfrentar uma nova crise do petróleo, encarar uma aguda falta de água, guerras podem sobrevir. É, possível viver com menos. O prazer é uma recompensa, e não uma obrigatoriedade. E, quando os desejos se realizam, aí sim, têm-se motivos para soltar rojões.

E que fique bem claro: nessa história de apagão, o brasileiro tem todo o direito de se sentir traído. Afinal, fomos seduzidos a consumir e agora temos pela frente a árdua tarefa de aprender a viver com menos. Cobrar soluções sustentáveis e de longo prazo é exercer o dever da cidadania. Enquanto isso, não é tão difícil admitir que trocar horas em frente da televisão por um bom livro à luz de velas pode ser uma boa coisa. Quanto às casas, é só lembrar que menos luz não significa penumbra. Pelo contrário, em contraste com a iluminação feérica proposta por muitos decoradores, menos luz pode criar um clima mais intimista, ideal para reunir os amigos e colocar a conversa em dia. Quem sabe, nesse "blablablá", alguém descubra que é possível ser feliz com um pouco menos. Se ainda assim restar alguma dúvida, lembre-se da história do começo deste ensaio, respire fundo e repita as palavras de um antigo filósofo: "O desejo é um ótimo criado, porém um péssimo senhor".

Mário E. René Schweriner
Chefe do Departamento de Humanas da ESPM

Atividades 5.1

▶ **1** Com base na leitura dos textos deste capítulo, promover um debate entre os participantes da atividade. Das conclusões obtidas, discutir sobre o futuro da humanidade, tendo-se em vista os problemas e as possíveis soluções.

▶ **2** Selecionar outros textos que abordem o assunto energia, destacando as informações que contribuem para o bom entendimento do tema, bem como as que contrariam, numa primeira análise, os conceitos referentes à energia e ao seu uso eficiente.

6
RESPONSABILIDADE E CIDADANIA

Introdução

Os conceitos que envolvem o uso racional da energia, dentro de um processo educativo, são capazes de promover a compreensão da capacidade que o homem tem de transformar a natureza no atendimento das suas necessidades. O desafio desta e das próximas gerações consiste em atenuar os efeitos do que já foi feito no passado, cujas ações não estabeleciam relações entre o uso da energia e os prejuízos causados ao meio ambiente, e em conciliar o atual potencial de desenvolvimento das populações com a preservação da natureza.

Agir no local e pensando no mundo

Saber as várias informações sobre o uso racional de energia constitui apenas uma etapa inicial, o desafio é colocá-las em prática no local onde o indivíduo se encontra.

As ações locais destinadas ao uso eficiente da energia, à primeira vista, parecem contribuir muito pouco numa escala mundial, no entanto são a base de qualquer programa de racionalização da energia. Os resultados globais, nesse contexto, são obtidos da atitude de cada indivíduo diante do empenho de se utilizar de forma responsável a quantidade de energia necessária. A partir do somatório dos esforços individuais é que se obterão resultados significativos para o mundo.

Caso a humanidade deseje transformar a Terra num lugar melhor para se viver, o uso racional da energia tem que ser encarado como um dever individual; e, ao mesmo tempo, o homem deve exercer o direito de exigir as providências cabíveis para um desenvolvimento sustentável. Em suma, trata-se de *exercer a cidadania*.

"Cidadania é a qualidade ou estado de cidadão, que tanto pode ser o habitante de uma cidade como o indivíduo no exercício dos seus direitos civis e políticos. Ou pode ser, ainda, a pessoa no desempenho de seus deveres para com o Estado.

As definições estão no dicionário Aurélio, mas são muito simplificadas diante de todo o debate que existe hoje em torno do que é ser cidadão e o que é cidadania.

Isso porque cidadania não é uma situação pronta e acabada. É a conquista e a defesa constantes de direitos humanos, civis e políticos. Mas, para isso, é preciso que cada um esteja consciente de quais são os seus deveres – uma coisa não existe sem a outra (Portal da Cidadania, 2001)."

Agenda 21

"É o principal compromisso assumido pelos 179 países participantes da CNUMAD – Conferência das Nações Unidas sobre Meio Ambiente e Desenvolvimento, realizada na cidade do Rio de Janeiro, em 1992, também conhecida como Eco-92. Durante esse evento, foi lançada a Agenda 21 Global – que se desdobra em nacionais, regionais e locais. O *slogan* da Agenda 21 Global é: pense globalmente, aja localmente.

O objetivo principal da Agenda 21 é a mudança do padrão de desenvolvimento, a ser praticado pela humanidade no século XXI. A este novo padrão, que concilia justiça social, eficiência econômica e equilíbrio ambiental, convencionou-se chamar de *Desenvolvimento Sustentável*.

Portanto, a Agenda 21 não visa somente objetivos ambientais, tampouco é um processo de elaboração de um documento de governo. É um pacto ético entre os três principais setores da sociedade – governamental, civil e produtivo – com o futuro." (Secretaria de Estado do Meio Ambiente, 2001)

Capítulo 4 (*Agenda 21 Global*) – MUDANÇA DOS PADRÕES DE CONSUMO

(...)

"A fim'de que se atinjam os objetivos de qualidade ambiental e desenvolvimento sustentável será necessário eficiência na produção e mudanças nos padrões de consumo para dar prioridade ao uso ótimo dos recursos e à redução do desperdício ao mínimo. Em muitos casos, isso irá exigir uma *reorientação dos atuais padrões de produção e consumo*, desenvolvidos pelas sociedades industriais e por sua vez imitados em boa parte do mundo."

(...)

"A redução do volume de energia e dos materiais utilizados por unidade na produção de bens e serviços pode contribuir simultaneamente para a mitigação da pressão ambiental e o aumento da produtividade e competitividade econômica e industrial."

(...)

"Os Governos e as organizações do setor privado devem promover a adoção de atitudes mais positivas em relação ao consumo sustentável por meio da educação, de programas de esclarecimento do público e outros meios, como publicidade positiva de produtos e serviços que utilizem tecnologias ambientalmente saudáveis ou estímulo a padrões sustentáveis de produção e consumo. No exame da implementação da Agenda 21 deve-se atribuir a devida consideração à apreciação do progresso feito no desenvolvimento dessas políticas e estratégias nacionais."

(...)

Atividade 6.1

▶ Com base nos conceitos do uso racional da energia, elaborar um plano de ação e colocá-lo em prática, envolvendo o estabelecimento de ensino e a comunidade.

Mudanças de valores por meio da educação

As atividades destinadas ao uso racional da energia não devem estar limitadas aos momentos em que as populações passem por algum tipo de dificuldade no setor energético. A questão energética inserida na forma de exemplos que façam parte do cotidiano das pessoas, sem, no entanto, perder de vista os conceitos fundamentados cientificamente, representa uma opção de oferecer condições de desenvolvimento para a sociedade.

Um processo educativo eficiente tem que respeitar a sociedade e ao mesmo tempo fornecer elementos que podem proporcionar transformações sociais, políticas e econômicas, que visam garantir a qualidade de vida no futuro a partir das ações feitas no presente.

No contexto da eficiência energética, à medida que um indivíduo leva adiante procedimentos que trazem benefícios para a coletividade, esse sujeito deve desencadear outras iniciativas por parte de outros indivíduos. Dessa forma, a abrangência das ações fica ampliada e, ao mesmo tempo, representa uma oportunidade para as pessoas exercerem a cidadania.

A mudança de valores, pelo processo educacional, é o meio pelo qual as atitudes pessoais se tornam perenes, mesmo quando as dificuldades são superadas.

REFERÊNCIAS BIBLIOGRÁFICAS

BANDEIRANTE. *Ilustrações de equipamentos de subestações.* Bandeirante Energia, 2006. Comunicação pessoal.

BARTELLI JÚNIOR, F. *Distribuição de mercado.* Cenpes, Petrobras, 2001. Comunicação pessoal.

BRASIL. MINISTÉRIO DE MINAS E ENERGIA (MME). *Balanço energético nacional.* Brasília: MME, 2000. 154p.

CAMPANILI, M. Inspeção veicular começa em 2002 em São Paulo. 2001 [citado 1º out. 2001]. Disponível em: <http://www.estadao.com.br/autos/noticias/2001/ago/31/139.htm>.

COMPANHIA DE GERAÇÃO TÉRMICA DE ENERGIA ELÉTRICA (CGTEE). Saiba mais. 2001 [citado 16 ago. 2001]. Disponível em: <http://www.cgtee.gov.br/torre.htm>.

CONSTANZO, M., et al. Energy conservation behavior: the difficult path from information to action. *American Psychologist*, v.41, n.5, p. 521-8, 1986.

DARGAY, J., GATELY, D. Vehicle owership to 2015: implications for energy use and emissions. *Energy Policy*, v.25, n.14-15, p1121-7, 1997.

DIAS, R. A. A conservação de energia. In: *Impactos da substituição de equipamentos na conservação de energia.* Guaratinguetá, 1999. p.18-9. Dissertação (Dissertação de Mestrado em Engenharia Mecânica – Transmissão e Conversão de Energia) – Faculdade de Engenharia, Universidade Estadual Paulista.

DIEGUEZ, C. Foi apenas um susto. *Veja*, 23.2.2000. Economia e Negócios, p.130-1.

DINCER, I. Environmental impacts of energy. *Energy Policy*, v.27, p.845-54, 1999.

ELETROBRAS. Sistema de informação do potencial hidrelétrico brasileiro – Sipot. 2001 [citado 15 ago. 2001]. Disponível em: <http://www.eletrobras.gov.br>.

ELETRONUCLEAR. Funcionamento da usina nuclear. 2001 [citado 20 ago. 2001]. Disponível em: <http://www.eletronuclear.gov.br/funcionamento.htm>.

FURNAS. Parque gerador. 2001 [citado 22 ago. 2001]. Disponível em: <http://www.furnas.com.br/portug/instituc/pq-gera.htm>.

GOLDEMBERG, J. *Energia, meio ambiente e desenvolvimento*. São Paulo: Edusp, 1998. 235p.

HOLANDA, M. R., BALESTIERI, J. A. P. Reduzir, reutilizar e reciclar para preservar. *Jornal Atos*, n. 343, ano 7, 18, nov. 2000.

INSTITUTO BRASILEIRO DO MEIO AMBIENTE E DOS RECURSOS NATURAIS RENOVÁVEIS (Ibama). Programa de controle da poluição do ar por veículos automotores – Proconve. 2001 [citado 1º out. 2001]. Disponível em: <http://www2.ibama.gov.br/proconve/>.

INSTITUTO NACIONAL DE METROLOGIA, NORMALIZAÇÃO E QUALIDADE INDUSTRIAL (INMETRO). Programa brasileiro de etiquetagem. 2001 [citado 9 out. 2001]. Disponível em: <http://www.inmetro.gov.br/consumidor/prodEtiquetados.asp#etiqueta>.

ITAIPU BINACIONAL. Dados técnicos. 2001 [citado 15 ago. 2001]. Disponível em: < http://www.itaipu.gov.br/dtport>.

LA ROVERE, E. L. *Conservação de energia em sua concep-ção mais ampla*: estilos de desenvolvimento a baixo perfil de consumo de energia. São Paulo: Marco Zero, Finep, 1985. p.474-89.

LUZ, A. M. R., ÁLVARES, B. A. *Curso de física.* São Paulo: Harbra, 1993. v.2, 908p.

MATTOS, C. R., DIAS, R. A., BALESTIERI, J. A. P. Um exercício de uso racional da energia: o caso do transporte coletivo. *Caderno catarinense de ensino de Física*, v.23, n.1, p.7-25, 2006.

MARTIN, J. M. *A economia mundial da energia.* São Paulo: Editora Unesp, 1992. 135p.

MELLONI, E. Reunião da Opep pode pôr fim à crise do petróleo. *O Estado de S. Paulo*, São Paulo, 5 mar. 2000. Economia, p.1.

MENEZES, L. C. (Org.) *Trabalho humano e uso de energia.* São Paulo: Cesp/IF-USP, 1986. 41p.

OPERADOR NACIONAL DO SISTEMA ELÉTRICO (ONS). Educacional. 2001 [citado 15 ago. 2001]. Disponível em: <http://www.ons.org.br/ons/educacional/index.htm>.

PETROBRAS GLP. Informações técnicas. 2001 [citado 17 set. 2001]. Disponível em: < http://www.petrobras.com.br/conpet/glpiftec.htm>.

PETROBRAS. Programa Nacional da Racionalização do Uso dos Derivados de Petróleo e do gás Natural – Conpet. 2001 [citado 18 out. 2001]. Disponível em: < http://www.petrobras.com.br/conpet/Brframe.htm>.

_____. Sala de aula. 2000 [citado 14 ago. 2001]. Disponível em: < http://www2.petrobras.com.br/internas/acom-panhia/index.stm#>.

PORTAL DA CIDADANIA. Vida civil. 2001 [citado 13 nov. 2001]. Disponível em: <http://www.portaldacidada-nia.com.br/conheca/vida_civil/con_vidacivil.htm>.

RAMALHO JÚNIOR, F. et al. *Os fundamentos da física.* São Paulo: Moderna, 1982. v.2, 358p.

SECRETARIA DE ESTADO DO MEIO AMBIENTE. Agenda 21 global. 2001[citado 14 nov. 2001]. Disponível em: <http://www.ambiente.sp.gov.br/>.

STERN, P. C. What psychology knows about energy conservation. *American Psychologist*, v.47, n.10, p.1224-32, 1992.

STEVENSON JUNIOR, W. D. *Elementos de análise de sistemas de potência*. São Paulo: McGraw-Hill, 1976. p.1-9.

UNITED NATIONS (UN). World population day observances will foreshadow six billion mark. 1998 [August 8, 2001]. Available in: <http:// www.un.org>.

WOHLGEMUTH, N. World transport energy demand modeling. *Energy Policy*, v.25, n.14-15, p.1109-19, 1997.

ANEXOS

ANEXO I
ESTRUTURA DIDÁTICA

O modelo educacional desenvolvido para o ensino fundamental, destinado ao uso racional da energia, tem como ponto de partida a aplicação de um material paradidático, balizado pelas indicações presentes na Lei de Diretrizes e Bases da Educação Nacional (MEC, 1996), nos Parâmetros Curriculares Nacionais (MEC, 1998a, 1998b) e no Programa Nacional do Livro Didático (MEC, 2002).

Para Delizoicov & Angotti (1992), a abordagem do conceito de energia, bem como as transformações a ela associadas, é mais apropriada, em média, a partir da sexta série do ensino fundamental, em razão do grau de abstração exigido do estudante. Para as séries anteriores, torna-se preferível descrever a dinâmica da natureza, por intermédio da generalização dos processos de transformação.

Os conceitos e procedimentos envolvidos no uso racional da energia são capazes de promover o processo de integração do conhecimento, como o uso de combustíveis fósseis, que, do ponto de vista da Geografia e da História, permite avaliar as pressões de origem financeira e geopolítica que acarretaram o atual modelo de consumo; pela Matemática, pela Química e pela Física, é possível relacionar os tratamentos numérico e conceitual dos processos envolvidos, por meio de uma abordagem científica; por intermédio da Biologia e da Química, podem-se avaliar os impactos ambientais associados ao uso dos combustíveis; e principalmente do ponto de vista da língua escrita e falada, por seu poder de elaboração (organização) e transmissão de idéias. Além disso, existe a possibilidade de todas essas disciplinas estarem participando simultaneamente na análise de determinadas situações, sendo, portanto, mais uma ferramenta que contribui para o processo de ensino-aprendizagem. Tais exemplos constituem uma pequena amostra do que um tema transversal pode gerar, exigindo dos professores muita criatividade, pois os procedimentos interdisciplinares, em sua maioria, precisam ser construídos.

O conteúdo do material paradidático é dividido em cinco partes: o texto principal, o texto secundário (notas complementares ao texto principal, as quais fornecem explicações e/ou citam outras fontes de pesquisa), as atividades propostas (sugerem atividades, com base em elementos presentes no cotidiano das pessoas, com objetivos e orientações específicas), os exemplos de aplicação (propõem cálculos, sob a forma de roteiros, destinados à avaliação de situações com potencial de economia de energia) e as referências bibliográficas. No conjunto, os conteúdos propostos visam estabelecer uma forma alternativa de encarar as questões relacionadas ao uso da energia, por meio de um processo educacional que proporcione uma melhor compreensão dos conceitos envolvidos e tire o máximo proveito das informações disponíveis no cotidiano das pessoas. A Figura 1 mostra a esquematização dos conteúdos, bem como o inter-relacionamento entre eles, de tal forma a orientar o processo didático mediante a visualização do conjunto da obra.

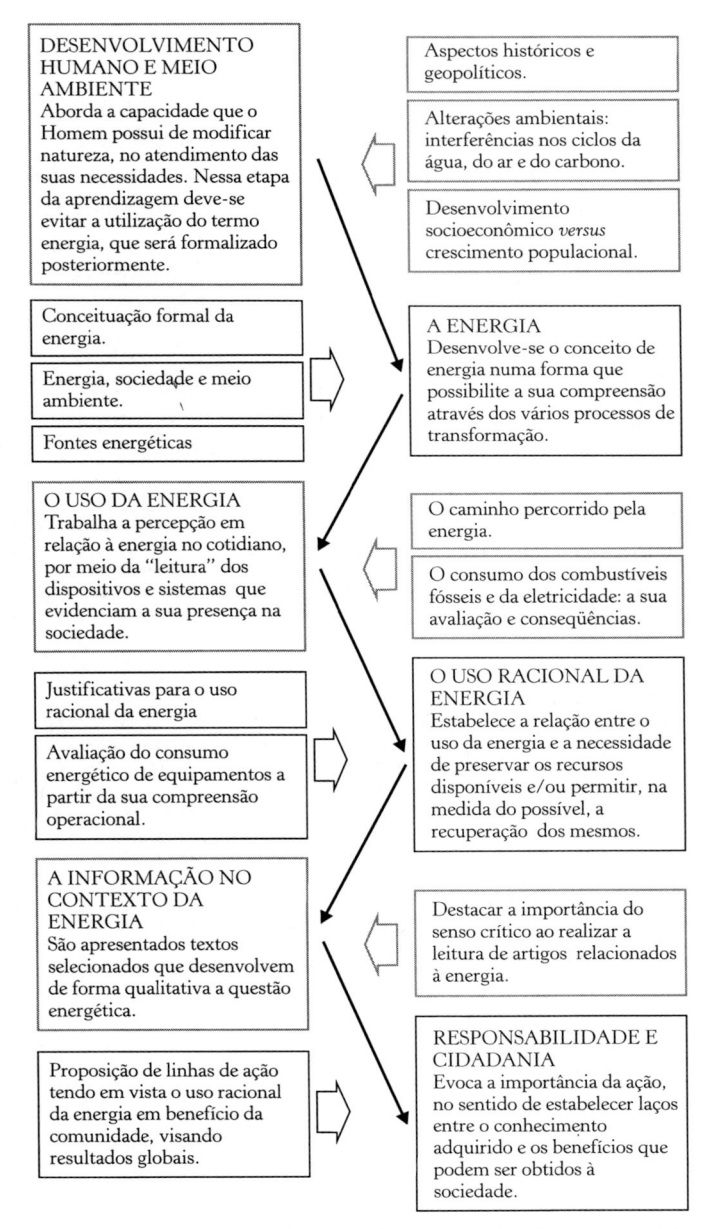

DESENVOLVIMENTO HUMANO E MEIO AMBIENTE
Aborda a capacidade que o Homem possui de modificar natureza, no atendimento das suas necessidades. Nessa etapa da aprendizagem deve-se evitar a utilização do termo energia, que será formalizado posteriormente.

Aspectos históricos e geopolíticos.

Alterações ambientais: interferências nos ciclos da água, do ar e do carbono.

Desenvolvimento socioeconômico *versus* crescimento populacional.

Conceituação formal da energia.

Energia, sociedade e meio ambiente.

Fontes energéticas

A ENERGIA
Desenvolve-se o conceito de energia numa forma que possibilite a sua compreensão através dos vários processos de transformação.

O USO DA ENERGIA
Trabalha a percepção em relação à energia no cotidiano, por meio da "leitura" dos dispositivos e sistemas que evidenciam a sua presença na sociedade.

O caminho percorrido pela energia.

O consumo dos combustíveis fósseis e da eletricidade: a sua avaliação e conseqüências.

Justificativas para o uso racional da energia

Avaliação do consumo energético de equipamentos a partir da sua compreensão operacional.

O USO RACIONAL DA ENERGIA
Estabelece a relação entre o uso da energia e a necessidade de preservar os recursos disponíveis e/ou permitir, na medida do possível, a recuperação dos mesmos.

A INFORMAÇÃO NO CONTEXTO DA ENERGIA
São apresentados textos selecionados que desenvolvem de forma qualitativa a questão energética.

Destacar a importância do senso crítico ao realizar a leitura de artigos relacionados à energia.

Proposição de linhas de ação tendo em vista o uso racional da energia em benefício da comunidade, visando resultados globais.

RESPONSABILIDADE E CIDADANIA
Evoca a importância da ação, no sentido de estabelecer laços entre o conhecimento adquirido e os benefícios que podem ser obtidos à sociedade.

Figura 1 – Esquematização dos conteúdos para o ensino do uso racional da energia.

No Capítulo 1 do paradidático, são discutidos os aspectos evolutivos da espécie humana e as conseqüentes transformações à qual a natureza foi submetida em nome do desenvolvimento social, político e econômico. Pretende-se promover uma discussão inicial a respeito da capacidade que o homem tem de modificar o meio ambiente para o atendimento das suas necessidades, sem, no entanto, mencionar o termo energia, apesar de ele estar implícito. Os assuntos selecionados são encadeados conforme o exposto na Figura 2.

A definição da energia e as formas pela qual esta é disponibilizada ao consumo da sociedade são objetos do Capítulo 2. A energia é apresentada, mediante a adequa-

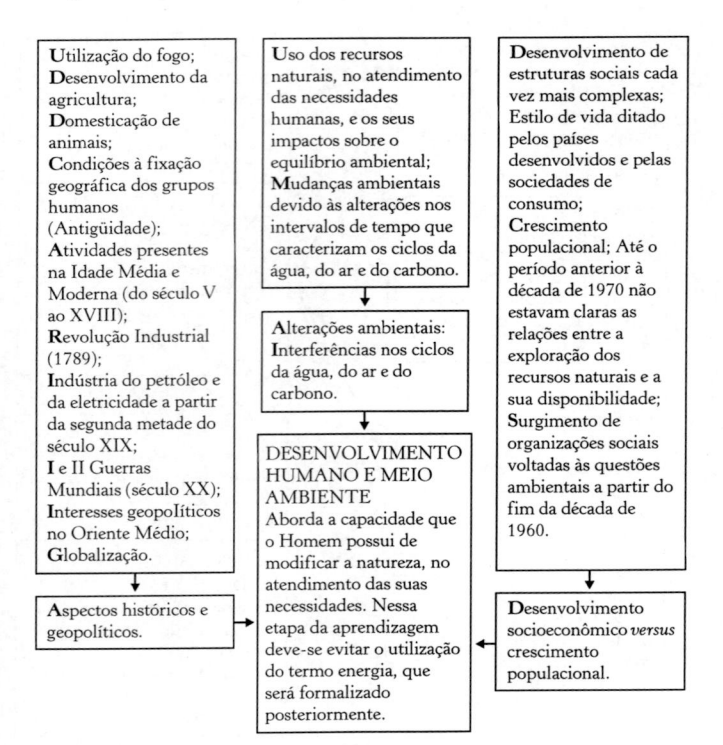

Figura 2 – Organização dos assuntos que compõem o Capítulo 1 do material paradidático.

ção linguagem, como um processo participante no cotidiano da sociedade e ela encontra-se submetida às Leis da Física, particularmente à Segunda Lei da Termodinâmica, a qual impõe um sentido no aproveitamento energético e, portanto, sujeito às irreversibilidades[1] presentes nos sistemas. As transformações energéticas, juntamente com as suas conseqüências à sociedade e ao meio ambiente, constituem o mote que estabelece a conexão entre o uso final da energia e a exploração dos recursos naturais. Com respeito aos conceitos pertinentes à energia, existe a preocupação em mostrar as principais unidades de medida, de tal forma a criar um senso crítico em relação às informações que têm sido veiculadas nos meios de comunicação de massa, como em textos que confundem potência com energia. Na Figura 3 estão destacados os elementos participantes no ensino dos assuntos relacionados à energia.

No Capítulo 3 é discutida a participação da energia no cotidiano das pessoas, como elas a utilizam e quais são os principais reflexos ao meio ambiente. A Figura 4 ilustra as partes integrantes desse capítulo, o qual objetiva estabelecer o vínculo entre o tipo de equipamento utilizado e o tipo de energético e quantidades necessárias ao atendimento das necessidades humanas, pela obtenção de informações e compreensão operacional dos equipamentos envolvidos, à medida que se torne possível a avaliação do consumo de energia. Nessa etapa do processo educacional, estão sendo criadas as condições para o entendimento do uso racional da energia por intermédio da percepção da energia[2] como uma mercadoria e, portanto, sujeita às restrições relacionadas com a exploração dos recursos naturais e aos sistemas a ela associada.

---

1 As irreversibilidades são as perdas inerentes aos processos de transformação energética.

2 A "invisibilidade do fluxo energético", decorrente da própria evolução histórica das formas de disponibilização da energia para o uso final, tem conduzido os consumidores a perder a consciência da energia como uma mercadoria (Constanzo et al., 1986).

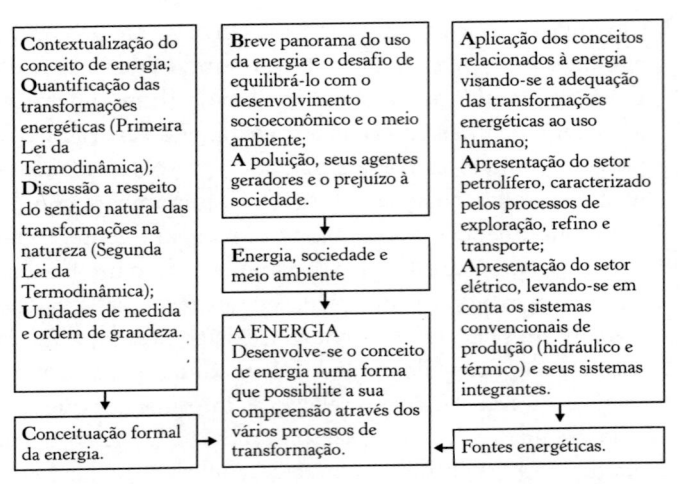

Figura 3 – Organização dos assuntos que compõem o Capítulo 2 do material paradidático.

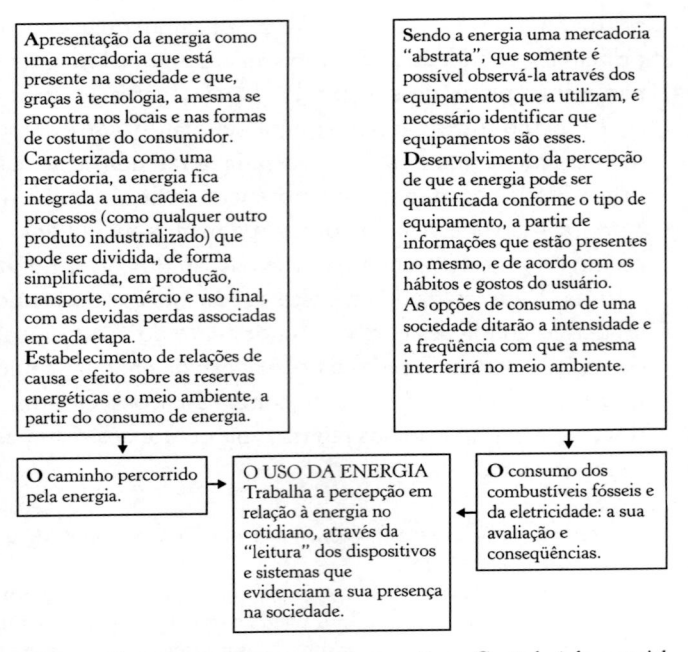

Figura 4 – Organização dos assuntos que compõem o Capítulo 3 do material paradidático.

Após a discussão dos aspectos qualitativos da energia, o Capítulo 4 apresenta o uso racional da energia, por meio da avaliação quantitativa de alguns casos, como forma de economia de recursos e de capital. Sendo possível a quantificação da energia, a próxima etapa consiste em verificar se ela está sendo utilizada de forma eficiente. Para tanto, estabelecem-se critérios comparativos, assumindo-se algumas possibilidades, dentre as quais a alteração de aspectos operacionais, o ajuste de parâmetros e a substituição de peças, ponderadas pelos resultados econômico-financeiros. Na Figura 5 encontram-se esquematizados os elementos que irão participar no ensino do uso racional da energia.

Figura 5 – Organização dos assuntos que compõem o Capítulo 4 do material paradidático.

No Capítulo 5 são apresentados alguns textos que evidenciam a relevância da questão energética. Infelizmente, nem sempre os meios de comunicação, e mesmo alguns autores de livros de divulgação, têm consciência da importância do seu trabalho, do seu papel essencial no preenchimento das inúmeras lacunas deixadas pela educação formal (Gaspar, 1993). Um processo educacional fundamentado em referências, cujos conteúdos são capazes de promover o senso crítico com base em informações corretas, proporciona ao indivíduo a condição de ser seletivo em relação ao que é veiculado (Figura 6).

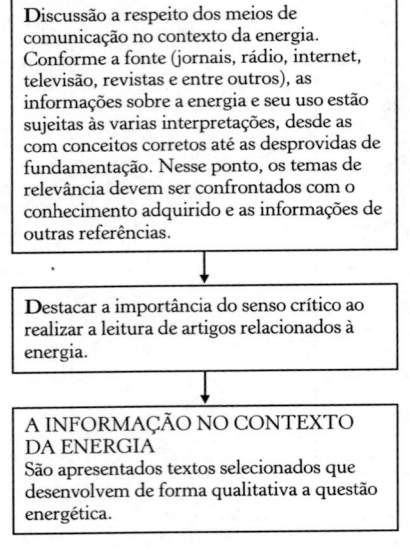

Figura 6 – Organização dos assuntos que compõem o Capítulo 5 do material paradidático.

Finalmente, no Capítulo 6, discute-se a importância de colocar em prática os conceitos de uso racional da energia como forma de exercer a cidadania. O indivíduo que se encontra submetido a um processo educacional que permita construção de novos valores, nos quais o entendimento do uso eficiente da energia se apresenta como ferramenta de ação social, estará apto a assumir responsabilidades com potencial de economia de energia: "O sujeito responsável em dificultar a implementação do uso racional da energia pode ser toda uma nação ou um indivíduo, um grupo social, organizações ou empresas... O consumo de energia pertence ao domínio da tecnologia e o uso racional da energia, ao domínio da sociedade" (Weber, 1997).

A Figura 7 ilustra o encadeamento dos tópicos pertinentes ao fomento de um modelo de desenvolvimento social, político e econômico que respeite a qualidade de vida das populações e os ecossistemas.

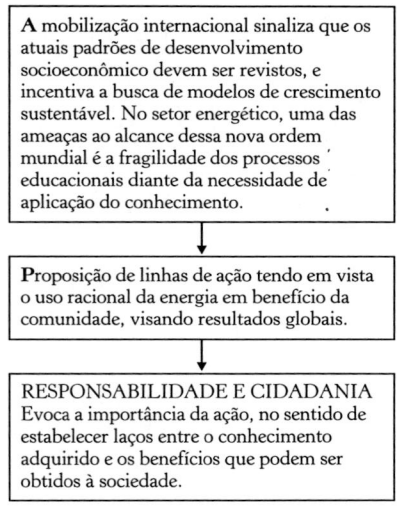

Figura 7 – Organização dos assuntos que compõem o Capítulo 6 do material paradidático.

As Referências bibliográficas permitem o aprofundamento dos assuntos abordados, e elas podem servir de mote para o desenvolvimento de várias atividades.

A participação do professor dentro dessa proposta é fundamental. As informações apresentadas no material paradidático somente terão sentido se colocadas em prática, respeitando-se os processos didáticos, pedagógicos e cognitivos dentro de uma sala de aula. O uso racional da energia não se constitui como uma disciplina, mas é uma fonte de exemplos que podem enriquecer o processo educacional.

Referências bibliográficas

BRASIL. Ministério da Educação e Cultura (MEC). Lei de Diretrizes e Bases da Educação Nacional – Lei nº 9.394. Brasília: MEC, 1996. 34p.

_____. Parâmetros curriculares nacionais: terceiro e quarto ciclos do ensino fundamental. Brasília: MEC, SEF, 1998a. Disponível em: <http://www.mec.gov.br/sef/sef/pcn.shtm>. Acesso em: 5.6.2001.

_____. Parâmetros curriculares nacionais: ensino médio. Brasília: MEC, 1998b. p.4-56.

_____. Guia PNLD/2002 – Coleções de 5ª a 8ª séries. Brasília: MEC, SEF, 2002. Disponível em: < http://www.fnde.gov.br/pnld/guia/guia2002/O04/avaliacao.htm>. Acesso em: 15.4. 2001.

CONSTANZO, M. et al. Energy conservation behavior the difficult path from information no action. American Psychologist, v.41, n.5, p.521-8, 1986.

DELIZOICOV, D., ANGOTTI, J. A. Metodologia do ensino de ciências. São Paulo: Cortez, 1992. 207p.

GASPAR, A. Museus e centros de ciências – conceituação e proposta de um referencial teórico. São Paulo, 1993. 135p. Tese (Doutorado na Área de Didática) – Faculdade de Educação, Universidade de São Paulo.

WEBER, L. Viewpoint – some reflections on barriers to the efficient use of energy. Energy Policy, v.25, n.10, p.833-5, 1997.

ANEXO II
ATIVIDADES COMENTADAS

Capítulo 1

Atividade 1.1

▶ Pesquisar sobre as atividades humanas na pré-história. É possível identificar elementos comuns entre o passado e o presente da humanidade?

Objetivo: Identificar os elementos que compõem as necessidades básicas do ser humano, independentemente da época abordada. As mesmas necessidades de proteção, abrigo e produção foram atendidas de formas diferentes.

Atividade 1.2

▶ Indicar, numa escala cronológica, os principais fatos ocorridos na Idade Média. Como as pessoas viviam naquela época?

Objetivo: Avaliar a participação humana e a sua interferência no meio ambiente sob o foco da História.

Atividade 1.3

▶ Como se desenvolveu a indústria do petróleo na segunda metade do século XIX? Como foi que ela se desenvolveu no Brasil?

Objetivo: Pesquisar em textos os fatos curiosos da época. Nas enciclopédias e na internet existem muitos textos interessantes, todavia é importante dar preferência às referências de qualidade.

Atividade 1.4

▶ Perguntar aos conhecidos e familiares, ou pesquisar em livros, como era a vida no Brasil entre 1950 e 1970. Quais eram as dificuldades e os confortos da época?

Objetivo: Verificar as mudanças no estilo de vida da população brasileira. Merecem destaque as diferenças entre as pessoas que moravam nas grandes cidades e as que se encontravam nas cidades do interior.

Atividade 1.5

▶ As pessoas realmente se preocupam com a natureza? Listar as atividades que são consideradas positivas e negativas, por parte das pessoas, em relação ao meio ambiente. Discutir os resultados obtidos.

Objetivo: Identificar a capacidade de interferência no meio ambiente em razão das atividades humanas.

Atividades 1.6

▶ 1 Pesquisar a formação dos combustíveis fósseis. Tratando-se de uma fonte não-renovável, o uso de tais combustíveis está sendo feito de forma consciente?

▶ **2** A biomassa (por exemplo: lenha, bagaço de cana e resíduos agrícolas) faz parte do ciclo do carbono. É possível estabelecer algum equilíbrio entre o seu desenvolvimento e uso?

▶ **3** Esquematizar os ciclos do ar e da água.

Objetivo: Desenvolver os conceitos de fontes renováveis e não-renováveis.

Atividade 1.7

▶ Pesquisar a provável formação das estrelas e do nosso sistema solar.

Objetivo: Entender a participação do Sol em relação às ocorrências dos ciclos presentes na Terra.

Atividades 1.8

▶ **1** Qual foi o principal combustível até a década de 1950 no Brasil? E depois?

▶ **2** Como eram os automóveis da década de 1960? O que se desejava de um automóvel naquela época? Fazer um paralelo com os modelos atuais.

▶ **3** Nos dias de hoje, ainda é possível encontrar maus exemplos de uso dos recursos naturais? Em caso afirmativo, enumerar alguns exemplos e propor prováveis soluções.

▶ **4** Definir poluição por meio do conceito de ciclos presentes no meio ambiente.

Objetivo: Despertar a consciência quanto ao desenvolvimento humano e às suas conseqüências sobre o meio ambiente.

Capítulo 2

Atividade 2.1

▸ Pesquisar em revistas e rótulos de produtos alimentícios a presença de palavras relacionadas com a energia. Analisar em que contexto estão enquadrados os termos referentes à energia, verificando-se se há ou não compreensão de que tipo de informação se pretende transmitir

Objetivo: Demonstrar que a palavra energia está presente no cotidiano das pessoas.

Atividade 2.2

▸ Assim como ocorre no motor de combustão interna, os processos de transformações energéticas estão presentes nas atividades humanas. Com base em observações próprias, exemplificar alguns processos em que possam ser identificados os principais fluxos energéticos.

Objetivo: Aplicar os conceitos da Primeira Lei da Termodinâmica em elementos observáveis no meio em que o indivíduo se encontra.

Atividade 2.3

▸ Dentre os desafios da humanidade, a compreensão e redução das perdas constitui numa atividade destinada à criação de novos métodos não somente para o uso da energia, como também na formação de cidadãos. Diante dessa afirmação, identificar as várias perdas que ocorrem no cotidiano das pessoas.

Objetivo: Mostrar que as atividades humanas podem aumentar a velocidade dos processos naturais e, conseqüentemente, aumentar a freqüência com que a energia é requerida, influenciando na disponibilidade dos recursos naturais e na qualidade de vida (alterações ambientais).

Atividades 2.4

▸ **1** Pesquisar, em jornais e revistas, reportagens que envolvam unidades de medida no setor energético, visando identificar valores ou ordens de grandeza que possam gerar dúvidas.

▸ **2** Procurar na própria residência a presença de valores que se encontram escritos em potência de dez (ver os prefixos).

Objetivo: Desenvolver o senso crítico quanto às informações veiculadas nos meios de comunicação. É comum ocorrerem confusões entre os conceitos e unidades de medida entre energia e potência. Um erro comum, por exemplo, é a utilização da unidade kW/h para a energia – essa unidade não existe.

Atividade 2.5

▸ Relatar minuciosamente as suas próprias atividades, desde o momento em que acorda até o instante de ir dormir. Anotar, em cada ação, se ocorre a presença de alguma forma de energia.

Objetivo: Identificar a participação da energia no cotidiano. Existem certas atividades que estão tão automatizadas que o indivíduo perde a percepção quanto à sua dependência em relação ao uso da energia.

Atividade 2.6

▸ Esquematizar, com base nos próprios conhecimentos, o caminho da energia, da sua fonte até o seu uso final, no funcionamento de um automóvel, no acendimento de uma lâmpada e no deslocamento de um barco a vela.

Objetivo: Trabalhar a questão da "invisibilidade" da energia, no sentido de que o uso da energia depende de uma cadeia de transformações e de ciclos.

Atividades 2.7

▶ **1** Perguntar aos conhecidos e familiares, ou pesquisar em livros, que tipos e quantos eletrodomésticos estavam presentes nos lares nas décadas de 1950, 1970 e 1990.

▶ **2** As estatísticas comprovam que cada cidadão brasileiro gera em média 0,5 kg de resíduos (lixo) por dia, enquanto um nova-iorquino produz diariamente 1,8 kg (Holanda & Balestieri, 2000). Avaliar a própria produção diária de lixo. Pode-se afirmar que os resíduos gerados relacionam-se com o uso energético e a degradação ambiental?

Objetivo: Salientar o comportamento humano e suas conseqüências diante de uma sociedade consumista.

Atividade 2.8

▶ O automóvel pode ser admitido como uma unidade de transformação, utilizando a energia química da gasolina e convertendo-a em energia mecânica (movimento). O automóvel aproveita completamente a energia do combustível?

Objetivo: Reforçar os conceitos da Primeira e Segunda Leis da Termodinâmica.

Atividade 2.9

▶ Pesquisar quais são as principais fontes energéticas primárias na França, no Japão, nos Estados Unidos e em Uganda.

Objetivo: Pela Geografia, identificar que tipo de energético é utilizado nos países destacados, e que diferenças estão presentes no contexto socioeconômico.

Atividades 2.10

▶ **1** Pesquisar em revistas, livros ou na internet sobre a indústria do petróleo, dedicando especial atenção aos aspectos históricos.

Sugestão: visitar o *site* da Petrobras na internet. http://www2.petrobras.com.br/internas/acompanhia/index.stm#, clicando em Sala de Aula.

▸ **2** Pesquisar a criação e participação da Organização dos Países Exportadores de Petróleo (Opep).

Objetivo: Entender pela História os principais fatos que conduziram à formação da indústria do petróleo no mundo. Atentar primeiramente para os fatos curiosos, como as primeiras explorações e a presença de pessoas que se tornaram famosas.

Atividade 2.11

▸ Pesquisar no site da Eletrobrás (http://www.eletrobras. gov.br), através do Sistema de Informação do Potencial Hidrelétrico Brasileiro (Sipot), a localização de algumas usinas hidrelétricas no mapa do Brasil. Observar as diferenças de cotas.

Objetivo: Notar como varia o aproveitamento dos rios, em relação à sua altitude, para a geração de energia elétrica.

Atividades 2.12

▸ **1** Pesquisar a diferença entre usina com reservatório de acumulação e usina a fio d'água.
▸ **2** Descrever os impactos ambientais associados à construção e à operação das hidrelétricas.

Objetivo: Conhecer os tipos de reservatórios e entender as mudanças ambientais impostas pelo represamento da água.

Atividade 2.13

▸ Existem outras fontes energéticas que possibilitam a conversão da energia presente na natureza numa outra forma que seja de interesse ao uso humano, dentre elas podem-se citar a solar, geotérmica, eólica, biomassa e das marés. Descrever o princípio do aproveitamento dessas fontes energéticas e avaliá-las quanto às alterações prováveis no meio ambiente.

Sugestão: visitar o *site* na internet da Comissão de Energia da Califórnia (California Energy Commission), www. energy.ca.gov/education/renewableroad/index.html.

Objetivo: Conhecer outras fontes energéticas. O *site* sugerido está em inglês, o assunto pode ser desenvolvido nessa disciplina.

Atividade 2.14

Utilizando as Leis de Ohm, justificar a elevação do valor da tensão, nas subestações elevadoras, nos sistemas de transmissão de energia elétrica.

Objetivo: Explicar, de forma simplificada,[1] a necessidade de se aumentar o valor da voltagem quando se pretende transmitir a energia elétrica a grandes distâncias. Para tanto, utilizar-se-á a fórmula da potência, decorrente da Lei de Ohm:

Tensão de Transmissão	Cálculos
$E_1 = 230$ kV	$P = E_1 \cdot I_1$
	$I_1 = P \div 230.10^3$
$E_2 = 440$ kV	$P = E_2 \cdot I_2$
	$I_2 = P \div 440.10^3$
Relação entre as intensidades de corrente elétrica	
$\dfrac{I_1}{I_2} = \dfrac{P}{230.10^3} \cdot \dfrac{440.10^3}{P} \cong 2$	
$I_1 \cong 2\,I_2$	

Nota: P = potência (assumida como constante); E = tensão ou voltagem; I = intensidade de corrente elétrica.

---

1 Uma explicação completa envolveria elementos que fogem do escopo deste material.

Com o aumento da voltagem, para uma mesma potência, reduz-se a corrente elétrica. Uma das vantagens em tal procedimento é a redução do diâmetro dos condutores elétricos (cabos).

Atividade 2.15

▶ Acompanhar, no local onde reside, o caminho percorrido pela energia elétrica através do sistema de distribuição até chegar ao poste de entrada de sua residência.

Objetivo: Ao visualizar o sistema de distribuição de energia elétrica, identificar os elementos que o compõem.

Capítulo 3

Atividade 3.1

▶ Relatar quais são e onde estão as principais fontes energéticas no cotidiano das pessoas.

Objetivo: Resgatar as informações apresentadas no Capítulo 2, estabelecendo as conexões entre a energia na sua condição inicial e final.

Atividades 3.2

▶ **1** Pesquisar quantos litros de óleo diesel são necessários para percorrer 100 km, transportando uma mesma quantidade de soja, no transporte rodoviário e fluvial.

▶ **2** Considerando-se um percurso de 50 km, comparar o consumo de petróleo por pessoa transportada num ônibus (diesel[2]) de 44 lugares e num automóvel (gasolina[3]) somente com o motorista.

---

2 O consumo médio de um ônibus de 44 lugares é de 2,7 km/l.
3 O consumo médio de um automóvel na cidade é de 10 km/l.

Informações adicionais: O processamento do petróleo nas refinarias brasileiras segue as seguintes proporções[4] (Bartelli Júnior, 2001), em volume, a partir de um barril de petróleo (158,98 litros):

GLP   12%
Nafta   11,4%
Gasolina   18,3%
Querosene   4,4%
Diesel   33,8%
Óleo combustível 14,9%
Outros   5,2%

Objetivo: Avaliar o uso dos combustíveis mediante as aplicações no setor de transportes, bem como criar alguns questionamentos quanto aos modelos adotados em relação ao desenvolvimento socioeconômico. A seguir, a atividade proposta será desenvolvida passo a passo, com o intuito de exemplificar uma possível forma de abordagem.

Automóvel	Combustível: gasolina
Dados	**Cálculos**
Desempenho: 10 km/l ❶	Consumo = ❷ ÷ ❶ = 50 ÷ 10 = 5 l de gasolina ❺
Distância percorrida: 50 km ❷	Aplicando-se a relação ❸ em ❺, tem-se:
158,98 l de petróleo = 29,1 l de gasolina ❸	Consumo = 27 l de petróleo ❻
Ocupação: 1 passageiro ❹	Consumo$_{especifico}$ = ❻ ÷ ❹ = 27 ÷ 1 **Consumo$_{especifico}$ = 27 l de petróleo/ passageiro**

Ônibus	Combustível: óleo diesel
Dados	**Cálculos**
Desempenho: 2,7 km/l ❶	Consumo = ❷ ÷ ❶ = 50 ÷ 2,7 = 18,5 l de diesel ❺
Distância percorrida: 50 km ❷	Aplicando-se a relação ❸ em ❺, tem-se:
158,98 l de petróleo = 53,7 l de diesel ❸	Consumo = 54,8 l de petróleo ❻
Ocupação: 44 passageiros ❹	Consumo$_{especifico}$ = ❻ ÷ ❹ = 54,8 ÷ 44 **Consumo$_{especifico}$ = 1,3 l de petróleo/ passageiro**

---

4 As proporções de produtos derivados de petróleo variam de país para país, conforme as necessidades e características do mercado consumidor.

Emissão de alguns poluentes		
Poluentes	Automóvel	Ônibus
Dióxido de carbono (g/km)*	235	958
Monóxido de carbono (g/km)**	2,0	4,0
Óxidos de nitrogênio (g/km)**	0,6	7,0

* Condição estequiométrica para os dados do problema.
** Limites máximos de emissão (Ibama, 2001).

Atividade 3.3

▶ Ao ir para a escola, ou trabalho, observar como os veículos são dirigidos. Atentar para detalhes como barulho excessivo dos motores, excesso de velocidade seguido de frenagem brusca, presença de fumaça no escapamento e outros aspectos que considerar interessantes. Relacionar as informações observadas com o tipo de veículo.

Objetivo: Despertar a curiosidade para as várias formas de condução dos veículos, para posteriormente trabalhar outras formas mais eficientes.

Atividade 3.4

▶ 1 Acompanhar o consumo de combustível de qualquer veículo que esteja ao seu alcance (por exemplo, contar com a ajuda de parentes ou amigos) por meio da tabela proposta a seguir. A tabela sugerida pode sofrer modificações caso haja alguma informação adicional.

Observações:
• o odômetro, ou marcador de quilometragem, é normalmente encontrado no velocímetro do veículo, sob a forma de indicador numérico;
• a coluna identificada como Diferença é obtida do valor da leitura do odômetro durante o abastecimento MENOS a leitura do abastecimento anterior;
• na ocasião do abastecimento de combustível, durante a avaliação, ENCHER O TANQUE;

• os valores apresentados servem como exemplo.

Controle de consumo de combustíveis				
Tipo de veículo ☒ automóvel ☐ caminhão ☐ ônibus	☐ motocicleta ☐ outro_____	Tipo de motor ☐ 1.0 ☐ 1.3 ☒ 1.6	☐ 2.0 ☐ outro_____	Consumo C dd _10_ médio E td _15_ (km/l)
Data de abastecimento (dd/mm/aaaa)	Leitura do odômetro (km)	Diferença (km) ①	Volume (1) ②	Consumo (km/l) ①÷②
10/08/2001	55632		20	
20/08/2001	55832	200	182	11,0
29/08/2001	56392	560	38,7	14,5

Cdd: Cidade   Etd: Estrada
• na primeira linha da tabela não haverá cálculos, pois serão anotados os dados iniciais.

▸ **2** Acompanhar o consumo de GLP na residência, ou em outro lugar que utilize o gás. A tabela sugerida pode sofrer modificações caso haja alguma informação adicional.

Controle de consumo de GLP					
Tipo de equipamento ☒ fogão (4 bocas) ☐ fogão (6 bocas) ☐ fogão industrial	☐ forno industrial ☐ outro_____		Tipo de botijão ③ ☒ 13 kg ☐ 45 kg ☐ outro_____		
Data de compra (dd/mm/aaaa)	Número de dias ①	Quantidade de botijões ②	Massa de GLP (kg) ②×③=④	Consumo diário (kg/dia) ④÷①=⑤	Consumo médio mensal (kg/mês) ⑤×30
06/07/2001		1	13		
30/08/2001	55	1	13	0,236	7,1
10/08/2001	41	1	13	0,317	9,5

• na primeira linha da tabela não haverá cálculos, pois serão anotados os dados iniciais.

Objetivo: Desenvolver a habilidade de trabalhar com tabelas e cálculos, tendo em vista o acompanhamento de consumo dos combustíveis a partir de observações locais. Comparar os resultados obtidos, respeitando-se a equivalência entre os equipamentos, com as outras pessoas que realizaram essa atividade.

Atividades 3.5

▸ **1** Identificar os aparelhos elétricos dentro da casa e anotar todas as informações presentes nos dados de placa. Montar uma tabela, identificando as colunas como: tipo de equipamento, potência, tensão, corrente e freqüência. Transferir as informações anotadas para a tabela.

PROGEE? - PROGRAMA DE GERENCIAMENTO DE ENERGIA ELÉTRICA RESIDENCIAL

Digite o mês de referência (formato: JAN, FEV, MAR,...) e o dia de início da leitura:

MÊS [MAI]   PERÍODO [Seco]

INÍCIO NO DIA [24]   DIAS [31]

Preencher os campos abaixo com os valores lidos no medidor de energia elétrica:

CONSTANTE [1]

Referência	Dia	Leitura	Consumo (kWh)
	24	2275	
1	25	2280	5
2	26	2287	7
3	27	2295	8
4	28	2300	5
5	29	2309	9
6	30	2314	5
7	31	2320	6
8	1		
9	2		
10	3		
11	4		
12	5		
13	6		
14	7		
15	8		
16	9		
17	10		
18	11		
19	12		
20	13		
21	14		
22	15		
23	16		
24	17		
25	18		
26	19		
27	20		
28	21		
29	22		
30	23		
31	24		
32	25		
33	26		
34	27		
35	28		

RELATÓRIO

Preencher a meta de consumo no mês:

[220] kWh

Média do consumo diário:

META [7,1] kWh

REAL [6,4] kWh

Consumo no período:

[45] kWh

CONSUMO MENSAL   45   kWh

▶ 2 Acompanhar o consumo mensal de energia elétrica na residência, por meio da planilha em Excel. Os valores para o preenchimento da tabela estão disponíveis no medidor de energia elétrica ("relógio de luz"), normalmente localizado na entrada da residência.

Objetivo: No desenvolvimento do item 1, pretende-se a familiarização em localizar os dados de placa nos equipamentos (posteriormente tais informações serão úteis em outras atividades, como na estimativa do consumo de cada aparelho); o item 2 propõe o uso de uma planilha eletrônica para o acompanhamento diário do consumo de energia elétrica.

Atividade 3.6

▸ Pesquisar sobre a formação da chuva ácida e o fenômeno do efeito estufa. Propor aos participantes da atividade a realização de um debate sobre as conseqüências dos poluentes no equilíbrio do ecossistema terrestre.

Objetivo: Promover a conscientização das relações de causa e efeito causadas por emissões de gases decorrentes das atividades humanas. No debate pretende-se chegar às interferências nos ciclos da água, do ar e do carbono.

Capítulo 4

Atividade 4.1

▸ Procurar em revistas, jornais, ou outros meios de comunicação, exemplos de racionamento e racionalização no uso da energia.

Objetivo: Trazer para a realidade do estudante a diversidade de informações relacionadas ao uso da energia e promover o debate contextualizado, visando à identificação do indivíduo como o principal agente presente nas questões energéticas.

Atividade 4.2

▸ Pesquisar em livros, manuais, apostilas e/ou internet os procedimentos de segurança no manuseio dos derivados de petróleo e dos equipamentos e instalações elétricas. A seguir são sugeridos alguns *links* para consulta:
http://www.bandeirante.com.br/aci.htm
http://www.eletropaulo.com.br/Sub_Topico.cfm?
Topico_ID=36
http://www.petrobras.com.br/conpet/Brframe.htm
http://www.ultragaz.com.br/

Objetivo: Informar ao estudante que as atividades relacionadas com a energia requerem cuidados e atenção. Sempre que houver dúvida, CONSULTAR UM PROFISSIONAL QUALIFICADO.

Atividades 4.3

▶ **1** Fazer a identificação (utilizar uma tabela) de todos os equipamentos existentes numa residência (não se esqueça do automóvel) e se estes ainda possuem os seus manuais de uso. Caso não encontre os manuais, estabeleça uma forma alternativa de conseguir as informações (endereços na internet, serviço telefônico 0800 etc.).

▶ **2** Assumir que seja necessário comprar uma geladeira nova; para tanto, é preciso dimensionar o tamanho ideal (volume em litros) do eletrodoméstico para o uso que se pretende fazer. Definido o tamanho da geladeira, pesquisar nos locais de venda, ou por meio dos informativos publicitários na internet, nos panfletos e jornais; relacionar as marcas e os modelos dos equipamentos de interesse, juntamente com os aspectos estéticos (bonito, feio, moderno etc.), o preço, a tensão de funcionamento (voltagem) e o consumo de energia através da etiqueta Inmetro/Procel5 (a figura ao lado é um modelo de etiqueta que identifica o consumo e/ou eficiência energética). Dispor as informações numa tabela.

Fonte: Inmetro (2001).

---

5 Para maiores informações sobre o Programa Nacional de Conservação de Energia Elétrica (Procel), visitar o *site* http://www.eletrobras.gov.br/procel/.

Objetivo: (1) Sensibilizar as pessoas em relação à preservação das informações dos equipamentos e como obtê-las em outras fontes. (2) Além dos dados de placa, alguns equipamentos possuem informações adicionais que se referem à eficiência energética. Promover o debate sobre os aspectos estéticos *versus* aspectos energéticos.

Atividade 4.4

▸ Identificar outros eletrodomésticos cujo consumo de energia não é contínuo durante o seu funcionamento e discutir qual a melhor forma de sua utilização. Para essa atividade, buscar auxílio nas dicas de economia de energia elétrica das empresas concessionárias de energia elétrica.

Objetivo: Identificar o grupo de equipamentos cujo consumo de energia elétrica ocorre de forma cíclica e a sua melhor *performance* dependerá do tipo de uso. Quanto às dicas das empresas de energia elétrica, em relação ao uso racional da energia, serve como exercício para a compreensão dos conceitos que se pretende transmitir, e ao mesmo tempo realizar uma leitura crítica sobre eles.

Atividade 4.5

▸ A forma de uso e a substituição de lâmpadas normalmente são tidas como as primeiras iniciativas para economizar energia elétrica. Entretanto, existem outros fatores que devem ser considerados para garantir a qualidade da iluminação de um determinado local (que proporcione também conforto aos usuários), não se limitando somente a aspectos energéticos. Dentre tais fatores, podem-se destacar o *índice de reprodução de cores* (IRC), a *temperatura de cor* (que varia desde o tom azulado até o amarelado) e o *tipo de luminária*. Pesquisar nos *sites* a seguir os aspectos qualitativos dos sistemas de iluminação (os fabricantes normalmente dispõem de manuais e catálogos sobre assunto).

http://www.osram.com.br
http://www.lighting.philips.com/brasil/homelighting/
hl_conc_bas.htm
http://www.sylvania.com.br/sylvania.htm
http://www.ambiente.sp.gov.br/residuos/ressolid_
domic/docs/p12.doc

Objetivo: Esclarecer que o sistema de iluminação deve contemplar não somente aspectos energéticos, existindo, portanto, outros fatores que devem garantir também a eficiência luminosa.

Atividade 4.6

▶ Desmontar um chuveiro elétrico (procurar por equipamentos que não funcionem mais), visando à compreensão do funcionamento dele. Prestar atenção no "caminho" percorrido pela água e pela corrente elétrica.

Objetivo: Desenvolver a capacidade de análise e promover uma visão aplicativa com relação às Leis de Ohm. Enfatizar a importância da segurança na realização dessa atividade e, se possível, realizá-la em sala de aula com as ferramentas adequadas numa mesa forrada.

Atividade 4.7

▶ Estimar o consumo mensal de energia elétrica por meio do Programa de Acompanhamento do Consumo de Energia Elétrica (Pacee), desenvolvido em Excel (para abrir a planilha, clicar duas vezes sobre a tabela abaixo).

Programa de Acompanhamento do Consumo de Energia Elétrica - PACEE					
Identificação	Equipamento	potência (W)	tempo (h)	dias (dias)	consumo (kWh)
1	Geladeira	300,0	10,0	30,0	90,0
2	Lâmpada da cozinha	60,0	5,0	30,0	9,0
3	Lâmpada da sala de jantar	60,0	2,0	30,0	3,6
4	Lâmpada da sala de estar	60,0	6,0	22,0	7,9
5	Televisor	200,0	4,0	22,0	17,6
6	Aparelho de som	150,0	10,0	6,0	9,0
7	Chuveiro	4000,0	0,3	30,0	36,0

Nos *sites* na internet das concessionárias de energia elétrica, também estão disponíveis vários aplicativos destinados à avaliação do consumo da energia elétrica. A Secretaria de Energia do Estado de São Paulo dispõe de alguns *links* interessantes para pesquisa.

http://www.energia.sp.gov.br/Empresa1.htm

http://www.energia.sp.gov.br/Ener_na2.htm

Objetivo: Estimular o acompanhamento do consumo de energia elétrica por equipamento, identificando a participação de cada um no valor total consumido.

Atividade 4.8

▸ Acompanhar o consumo de combustível de um veículo, próprio ou de alguém conhecido (que esteja realmente disposto a participar dessa atividade). Para tanto, considerar a *forma atual de condução* do veículo para o preenchimento da tabela a seguir, durante um mês.

Controle de consumo de combustíveis				
Tipo de veículo ☒ automóvel ☐ motocicleta ☐ caminhão ☐ outro_____ ☐ ônibus		Tipo de motor ☐ 1.0 ☐ 2.0 ☐ 1.3 ☐ outro_____ ☒ 1.6		Consumo C dd __10__ médio E td __15__ (km/l)
Data de abastecimento (dd/mm/aaaa)	Leitura do odômetro (km)	Diferença (km) ①	Volume (1) ②	Consumo (km/l) ①÷②
10/08/2001	55632		20	
20/08/2001	55832	200	182	11,0
29/08/2001	56392	560	38,7	14,5

Cdd: Cidade   Etd: Estrada
* na primeira linha da tabela não haverá cálculos, pois serão anotados os dados iniciais.

Após essa primeira etapa, tentar colocar em prática as orientações do manual do proprietário (as que estejam ao alcance) e pesquisar as informações em revistas especializadas e nas empresas do setor petrolífero sobre economia de combustíveis, normalmente disponíveis nos informativos impressos e/ou na internet. A seguir são apresentados exemplos de *sites* na internet que podem ser úteis.

http://www.petrobras.com.br/conpet/Brframe.htm (escolher a opção Dicas)

http://www.br-petrobras.com.br/bus/dicas/cons2.htm
http://www.texaco.com.br/produtos/produt/combustivel/tedicas.htm
A próxima etapa consiste em preencher novamente a tabela, sugerida nessa atividade, observando a forma de dirigir o veículo e os cuidados com a manutenção, durante um mês. Comparar os resultados obtidos.

Observações:

- o odômetro, ou marcador de quilometragem, é normalmente encontrado no velocímetro do veículo, sob a forma de indicador numérico;
- a coluna identificada como Diferença é obtida do valor da leitura do odômetro durante o abastecimento MENOS a leitura do abastecimento anterior;
- na ocasião do abastecimento de combustível, durante a avaliação, ENCHER O TANQUE;
- os valores apresentados servem como exemplo.

Objetivo: Trabalhar com informações que estabeleçam relações comparativas entre uma situação atual e posterior a um conjunto de ações que visem à economia de combustível.

Atividade 4.9

▶ A compreensão do significado dos campos de preenchimento da conta de energia elétrica é fundamental para a leitura. Normalmente no verso da conta existe a explicação sobre as informações contidas no documento; caso isso não ocorra, consultar a página na internet da empresa que opera na região (melhor opção) ou dirigir-se à agência de atendimento ao consumidor e solicitar as informações a um funcionário.

Dispondo dos valores consumidos (kWh) em cada mês, de uma residência, durante um ano, construir um gráfico consumo *versus* mês. Observar as informações de interesse e promover um debate a partir da comparação com outros trabalhos, buscando identificar semelhanças e diferenças (considerar o número de pessoas, quantidades e tipos de eletrodomésticos, formas de uso da energia elétrica e outras informações que forem pertinentes).

Observações:

• O período para o faturamento do consumo de energia elétrica (intervalo de tempo em que ocorreu o consumo) compreende a data da leitura anterior e a atual. A quantidade de energia elétrica consumida, em kWh, refere-se ao período do faturamento.

• A data de vencimento da conta de energia não se refere ao mês em que ocorreu o consumo.

• O cálculo do Imposto sobre Circulação de Mercadorias (ICMS) faz-se conforme exemplificado a seguir (no Estado de São Paulo, conforme a Lei nº 6.374, de 1°.3.1989):

$$\text{valor da conta} = \text{importe} / (1\text{-ICMS})$$

sendo:

importe: quantidade consumida (kWh) multiplicada pela tarifa ($/kWh);

ICMS: valor na forma decimal em relação ao valor percentual. Por exemplo: $12,5\% = 0,125$.

Objetivo: Desenvolver a capacidade em obter informações e investigar o comportamento de um dado sistema que está sendo avaliado. Aqui está sendo sugerido o uso de tabelas e eixos cartesianos como ferramentas de auxílio ao processo analítico.

Atividade 4.10

▸ Após uma avaliação prévia, identificar um equipamento que será objeto de estudo e intervenção, visando conseguir a melhor eficiência possível dele. Estimar a despesa atual e a posterior à intervenção. Colocar em prática, na medida do possível, os procedimentos voltados ao uso racional da energia.

Observações:

- Compare as despesas (com a energia elétrica ou com os derivados de petróleo – gasolina, diesel, GLP) entre o mês anterior e o mês em que ocorreram as intervenções.

- As intervenções não implicam necessariamente troca ou compra de equipamentos. Vale a pena lembrar que as alterações comportamentais constituem uma das formas eficazes de promover o uso racional da energia.

Objetivo: Transferir ao indivíduo a responsabilidade pelo uso racional da energia, fazendo-o colocar em prática os conceitos aqui apresentados.

Atividade 4.11

▶ Desenvolver uma forma de divulgação dos resultados obtidos com base nas ações realizadas no contexto do uso racional de energia. Sugestões: confecção de cartazes, redação de panfletos ou jornais, avisos em murais, feira de ciências, palestras para a comunidade e o que a sua criatividade permitir.

Objetivo: Incentivar a comunicação interpessoal para a divulgação do uso racional da energia.

Atividade 4.12

▶ Pesquisar sobre o efeito estufa, chuva ácida e as principais doenças decorrentes da poluição. Com base nos conceitos relativos ao uso racional da energia, promover um debate que aborde os assuntos pesquisados.

Objetivo: Reforçar os benefícios que o uso racional de energia pode trazer ao meio ambiente. Novamente é interessante discutir a importância da ação local para a obtenção de resultados globais.

Exemplo 4.1

Objetivo: Formalizar o desenvolvimento matemático para uma análise em relação a um equipamento elétrico em que se pretende aplicar os conceitos do uso racional de energia. Sugere-se apresentar esse desenvolvimento numa lousa, dividindo-a de tal forma que numa parte seja apresentada a situação atual, uma parte para cada tipo de intervenção e reservar um espaço para discussões.

Exemplo 4.3

Objetivo: Formalizar o desenvolvimento matemático, para uma análise em relação ao automóvel, em que se pretende aplicar os conceitos do uso racional de energia. Sugere-se apresentar esse desenvolvimento numa lousa, dividindo-a de tal forma que numa parte seja apresentada a situação atual, uma parte para cada tipo de intervenção e reservar um espaço para discussões.

Capítulo 5

Atividades 5.1

▸ 1 Com base na leitura dos textos deste capítulo, promover um debate entre os participantes da atividade. Das conclusões obtidas, discutir sobre o futuro da humanidade, tendo-se em vista os problemas e as possíveis soluções.

▸ 2 Selecionar outros textos que abordem o assunto energia, visando destacar as informações que contribuem para o bom entendimento do tema, bem como as que contrariam, numa primeira análise, os conceitos referentes à energia e ao seu uso eficiente.

Objetivo: Transmitir aos participantes das atividades a importância de se desenvolver a leitura crítica. A ferramenta que deverá fazer a mediação entre as informações da mídia e o indivíduo são os conceitos que possuem fundamentação científica.

Capítulo 6

Atividade 6.1

▶ Com base nos conceitos do uso racional da energia, elaborar um plano de ação e colocá-lo em prática, envolvendo o estabelecimento de ensino e a comunidade.

Objetivo: Envolver as pessoas na participação de ações que visem à racionalização da energia. Em estudos realizados por psicólogos, constatou-se que as informações referentes ao uso racional da energia trocadas entre as pessoas surtem melhores resultados do que a simples distribuição de informativos.

SOBRE O LIVRO

Formato: 12 x 21 cm
Mancha: 20,4 x 42,5 paicas
Tipologia: Horley Old Style 10,5/14
Papel: Offset 75 g/m² (miolo)
Cartão Supremo 250 g/m² (capa)
1ª edição: 2006

EQUIPE DE REALIZAÇÃO

Coordenação Geral
Marcos Keith Takahashi

Impressão e Acabamento